广西荔枝龙眼

主要病虫害绿色防控技术图册

廖世纯　主编

中国农业科学技术出版社

图书在版编目（CIP）数据

广西荔枝龙眼主要病虫害绿色防控技术图册 / 廖世纯主编 . -- 北京：中国农业科学技术出版社，2021.12
ISBN 978-7-5116-5611-7

Ⅰ . ①广… Ⅱ . ①廖… Ⅲ . ①荔枝－病虫害防治－广西－图集 ②龙眼－病虫害防治－广西－图集 Ⅳ . ① S436.67 — 64

中国版本图书馆 CIP 数据核字（2021）第 259644 号

责任编辑 姚 欢
责任校对 马广洋
责任印制 姜义伟 王思文

出 版 者 中国农业科学技术出版社
北京市中关村南大街 12 号 邮编：100081
电 话 （010）82106631（编辑室）（010）82109704（发行部）
（010）82109702（读者服务部）
传 真 （010）82106631
网 址 http://www.castp.cn
经 销 者 各地新华书店
印 刷 者 北京地大彩印有限公司
开 本 148 mm × 210 mm 1/32
印 张 3
字 数 80 千字
版 次 2021 年 12 月第 1 版 2021 年 12 月第 1 次印刷
定 价 28.00 元

《广西荔枝龙眼主要病虫害绿色防控技术图册》

编 委 会

主　　编：廖世纯

副 主 编：韦桥现　古雅良

编写成员：王凤英　黎柳锋　张　晋

李彦彦　刘冬梅　涂海莲

摄　　影：廖仁昭　玉富成　吕　斌

作者简介

廖世纯：广西农业科学院植物保护研究所研究员，国家现代农业产业技术体系广西荔枝龙眼创新团队病虫防治岗位专家，从事农田杂草化学防除及作物害虫绿色防控技术研究。

韦桥现：广西农业科学院植物保护研究所副研究员，国家现代农业产业技术体系广西荔枝龙眼创新团队病虫防治岗位专家团队成员，从事作物害虫绿色防控技术研究。

古雅良：广西钦州市农业科学研究所正高级农艺师，国家现代农业产业技术体系广西荔枝龙眼创新团队钦州综合试验站站长，从事荔枝龙眼栽培技术研究与推广。

王凤英：广西农业科学院植物保护研究所副研究员，国家现代农业产业技术体系广西荔枝龙眼创新团队病虫防治岗位专家团队成员，从事作物害虫绿色防控技术研究。

黎柳锋：广西农业科学院植物保护研究所助理研究员，国家现代农业产业技术体系广西荔枝龙眼创新团队病虫防治岗位专家团队成员，从事作物害虫绿色防控技术研究。

张　晋：广西农业科学院助理研究员，从事作物病害绿色防控技术研究。

李彦彦：广西钦州市农业科学研究所农艺师，国家现代农业产业技术体系广西荔枝龙眼创新团队钦州综合试验站技术人员，从事荔枝龙眼生产技术推广。

刘冬梅：广西钦州农业学校农艺师、实验师，广西荔枝龙眼创新团队钦州试验站成员，主要从事农作物病虫害防治研究和教学工作。

涂海莲：广西钦州市农业科学研究所农艺师，国家现代农业产业技术体系广西荔枝龙眼创新团队钦州综合试验站技术员，从事荔枝龙眼生产技术推广。

前　言

荔枝和龙眼原产于中国，属热带亚热带名特优水果，目前我国种植面积与产量均居世界第一。因荔枝和龙眼产区主要分布在热区，高温多雨的环境和丰富的生态多样性致其病虫种类较多。本书将近年广西荔枝、龙眼上发生较普遍的 30 种害虫、8 种病害，以及 4 种荔枝、龙眼树上的寄生、附生植物通过图文形式介绍给读者，希望能普及并提高广大果农对荔枝、龙眼上主要病虫害的认知与科学防治水平。

本书由广西壮族自治区农业科学院植物保护研究所、广西壮族自治区钦州市农业科学研究所的专家共同编著，主要介绍害虫的形态特征、生活习性、分布与为害特点，病害症状、病原与发病规律，以及防治方法等。同时介绍了 20 种目前对相应病虫害防治效果优良的高效、低毒、低残留的农药品种。

本书出版获国家现代农业产业技术体系广西荔枝龙眼创新团队项目（NYCYTXGXCXTD-12-03）自治区主席科技资金项目“荔枝蛀蒂虫绿色防控关键技术试验示范”（17290-14）、科技先锋队“强农富民”“六个一”专项行动特色水果产业科技先锋队项目（桂农科盟 202104）（6-10）等项目资助，在此一并致谢！

本书适合于荔枝龙眼产区的果农及农技人员阅读使用。

由于作者水平有限，书中不足在所难免，恳请同行专家和广大读者指正。

编者

2021 年 2 月于南宁

目 录

第一章
荔枝龙眼主要害虫

1. 荔枝蛀蒂虫

荔枝蛀蒂虫（*Conopomorpha sinensis* Bradley），又称荔枝蒂蛀虫、爻纹细蛾，属鳞翅目细蛾科，是荔枝、龙眼上最重要的害虫。主要以幼虫在果蒂与果核之间蛀食，导致落果，为害近成熟果则出现大量"虫粪果"（图 1-1），严重影响荔枝品质和产量，同时也为害嫩茎、嫩叶和花穗。

图 1-1　荔枝蛀蒂虫为害造成的虫粪果

【生活习性】广西一年发生 10 ～ 12 代，世代重叠，12 月至翌年 3 月初多以幼虫在荔枝枝梢暂停发育，气温稍暖则部分幼虫继续发育完成世代。成虫昼伏夜出，白天多蛰伏于枝干背阴处，受惊扰后短暂飞行，又停于附近枝干处（图 1–2）。成虫羽化 2 ～ 4 天后交尾产卵，卵散产。果期平均每雌产卵 72 ～ 165 粒，多者达 200 粒以上，产卵期 3 ～ 7 天（图 1–3）。卵 2 ～ 3 天后孵化，于卵壳底部直接钻入果蒂组织内为害，整个取食过程均在蛀道内，粪便也不外排。老熟幼虫（图 1–4）从果内出来化蛹，在果蒂附近留下扁圆形出虫孔。蛹一般在附近叶片或地面落叶上（图 1–5），蛹期 6 ～ 12 天，羽化成虫后又一世代开始，成虫寿命 5 ～ 14 天。

图 1–2　荔枝蛀蒂虫成虫

图 1–3　荔枝蛀蒂虫卵

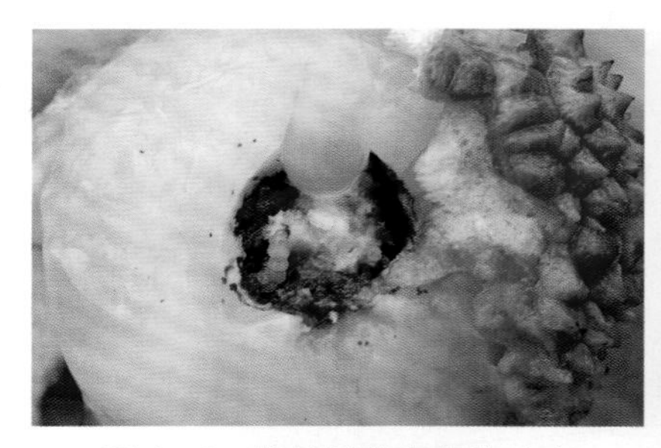

图 1–4　荔枝蛀蒂虫老熟幼虫

图 1–5　荔枝蛀蒂虫蛹

【防治方法】

（1）农业防治：收果前及时摘除销毁虫蛹叶片、收果后及时清园，并将剪除的枯枝落叶及病虫枝等清理干净。因采果后荔枝蛀蒂虫大多在落叶上化蛹，故及时清园可大大减少越冬虫源。

（2）生物防治：① 保护天敌，3—6 月部分绒茧蜂对荔枝蛀蒂虫的寄生率可达 40% 左右，7—8 月白茧蜂对其的寄生率可高达 60%，合理保护天敌，可降低荔枝蛀蒂虫的虫口密度；② 合理应用生物农药，绿僵菌等生物农药对荔枝蛀蒂虫具有一定的防控作用。

（3）物理防治：利用荔枝蛀蒂虫极度畏光之习性，有条件的果园，可用“光驱避”法防控荔枝蛀蒂虫。即在荔枝果实膨大期至采收期通过夜间挂灯照亮果园中的荔枝树表面防治该虫。具体措施如下：每株树上下四周的结果的树冠表面均需有光照，其强度≥ 5 勒克斯，每晚 19：00 开灯，早上 6：00 关灯。树高 2.5 米以下的可以在每株荔枝树中间安装 1 盏 5 ～ 10 瓦的 LED 灯（图 1–6）；树高 2.5 米以上的最好在每 4 株荔枝树中间安装 1 盏 20 瓦 LED 灯，灯的高度要高于树冠顶端 50 ～ 100 厘米（图 1–7）。正常亮灯的情况下不需施用杀虫剂即可有效防治该虫（图 1–8）。该方法对荔枝蛀蒂虫极为有效，

图 1–6　小树安装灯方法

图 1–7　中等以上大树安装灯方法

图 1–8　“光驱避”法防控荔枝蛀蒂虫

既绿色环保，又节能高效，更可极大提升荔枝龙眼的价值及品牌。

（4）化学防治：通过荔枝蛀蒂虫果园精准测报技术，抓住该虫防治适期，进行化学防治。

① 荔枝蛀蒂虫果园精准测报技术：a. 收集落果——在挂果期，选定 2 ～ 3 株荔枝树，每天定时到树下捡新鲜落果 50 ～ 100 个，将落果放于塑料盆（桶）内。然后将荔枝叶盖在落果上，蛀蒂虫老熟后会爬出虫果，并在荔枝叶上化蛹。b. 观察蛹羽化成蛾时间，确定防治适期——每 10 个有蛹的荔枝叶放入 1 个空的矿泉水瓶中，每个果园共 6 ～ 10 个矿泉水瓶，每天查看瓶内是否有蛾子出来，当见到瓶中有 4 ～ 5 头蛾时，2 天内均是防治蛀蒂虫成虫的最佳时间（图 1–9）。

图 1–9　荔枝蛀蒂虫预报流程

② 推荐药剂：100 克 / 升联苯菊酯乳油 1 000 ～ 2 000 倍液、25 克/升高效氯氟氰菊酯乳油 +200 克 / 升氯虫苯甲酰胺悬浮剂（1 : 1）2 000 ～ 2 500 倍液、4.5% 高效氯氰菊酯乳油（或其他菊酯类杀虫剂）+20% 除虫脲悬浮剂（1 : 1）1 000 ～ 1 500 倍液。若荔枝采收前半个月左右仍需防控，则可选用 2.5% 多杀霉素悬浮剂 1 500 ～ 2 000 倍液、60 克 / 升乙基多杀菌素悬浮剂 2 000 ～ 3 000 倍液、10%

醚菊酯悬浮剂 1 500 ～ 2 000 倍液等。

2. 荔枝蝽

荔枝蝽（*Tessaratoma papillosa* Drury）又名臭蝽、臭屁虫，属半翅目蝽科，是为害我国荔枝、龙眼的主要害虫之一。若虫和成虫刺吸为害荔枝龙眼的嫩梢、花穗及幼果，导致落花、落果。其分泌的臭液可造成受害部位枯死、脱落。

【生活习性】广西一年发生 1 代，多以成虫在荔枝龙眼树冠茂密的叶丛背面越冬。每年 2—3 月，越冬成虫开始在花穗、嫩枝上活动（图 1–10），3 月上旬，成虫开始交配产卵，卵多产于叶背，每个卵块多由 14 粒卵聚集而成（图 1–11）。若虫 4 月初孵化，初孵若虫多群聚，1 天后分散活动，常三五成群在嫩枝、花穗和幼果上取食为害（图 1–12）。6—10 月老熟若虫（图 1–13）先后羽化为成虫，并大量取食准备越冬。

图 1–10　荔枝蝽越冬成虫

图 1–11　荔枝蝽卵

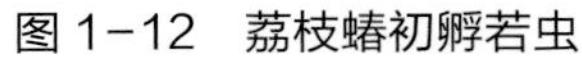
图 1-12　荔枝蝽初孵若虫

图 1-13　荔枝蝽大龄若虫

【防治方法】

（1）农业防治：合理修剪虫梢，冬季清园。

（2）人工防治：在冬春季节人工摇树，集中捕杀落地成虫；在3—5 月成虫产卵期人工摘除卵块，捕捉若虫。

（3）生物防治：在 3—4 月荔枝蝽产卵盛期，用平腹小蜂防治荔枝蝽，具体做法如下：将带有平腹小蜂卵的卵卡置于距地面 1 米的树冠内侧叶片上，每亩每次放卵卡 50 ～ 65 张，每 10 天放 1 次，连续 2 ～ 3 次。

（4）化学防治：3—5 月荔枝蝽低龄若虫盛发期是最佳防治适期。此时若虫聚集为害，建议使用如下药剂：25 克 / 升高效氯氟氰菊酯乳油 2 000 ～ 3 000 倍液、10% 醚菊酯悬浮剂 2 000 ～ 3 000 倍液、2.5% 溴氰菊酯乳油 1 000 ～ 2 000 倍液、20% 甲氰菊酯乳油 1 000 ～ 2 000 倍液、4.5% 高效氯氰菊酯乳油 1 000 ～ 1 500 倍液、50% 噻虫胺水分散粒剂 1 000 ～ 2 000 倍液、5% 啶虫脒微乳剂 1 000 ～ 1 500 倍液。

3. 尺蠖

尺蠖属鳞翅目尺蛾科，主要以粗胫翠尺蛾（*Thalassodes immissaria* Walker）（图 1–14）、波纹黄尺蛾［*Perixera illepidaria*（Guenee）］（图 1–15）、大钩翅尺蛾（*Hyposidra talaca* Walker）（图 1–16）、青尺蛾（*Anisozyga* sp.）（图1–17）、油桐尺蛾（*Buzura supprearia* Guenee）（图 1–18）等尺蛾科幼虫为害荔枝新抽嫩枝嫩叶，部分幼虫为害幼果，是荔枝上常年普遍发生的一类害虫。

图 1–14　粗胫翠尺蛾幼虫

图 1–15　波纹黄尺蛾幼虫

图 1–16　大钩翅尺蛾幼虫

图 1–17　青尺蛾幼虫

图 1–18　油桐尺蛾幼虫

【**生活习性**】广西一年发生 5 ～ 8 代。一般以幼虫于 11—12 月在地面、草丛、树冠等地越冬，翌年 3 月越冬成虫开始羽化，4 月开始为害春梢及花穗。卵散产于嫩芽、嫩叶、嫩枝等处，幼虫孵化后从叶缘开始取食，且多有拟态现象。其幼虫盛发期有两个：5—7 月的夏梢期和 9—11 月的秋梢期。

【**防治方法**】

（1）农业防治：冬季清园，破坏尺蠖越冬场所，减少越冬虫源；因尺蠖喜食嫩叶，统一放梢，及时修剪枝梢，也可有效控制其为害。

（2）物理防治：利用尺蛾类成虫喜光特性，可用频振式杀虫灯等诱杀成虫，10 ～ 20 亩（1 亩 ≈ 667 平方米，15 亩 =1 公顷，全书同）安装 1 盏灯，注意单灯辐射半径 100 ～ 180 米效果较好，荔枝园使用时间为每年 3—10 月，每天早、晚自动关灯、开灯更为方便。频振式杀虫灯具有高效节能的特性，投入成本低、使用寿命长，可有效节约人力物力，非常适合大面积果园应用。

（3）化学防治：新抽夏、秋梢时密切注意防治该虫，一至二龄幼虫期为防治适期。推荐药剂：200 克 / 升氯虫苯甲酰胺悬浮剂 3 000 ～ 4 000 倍液、10% 醚菊酯悬浮剂 2 000 ～ 3 000 倍液、100 克 / 升联苯菊酯乳油 1 000 ～ 2 000 倍液、4.5% 高效氯氰菊酯乳油 1 000 ～ 1 500 倍液、25 克 / 升高效氯氟氰菊酯乳油 1 000 ～ 1 500 倍液、2.5% 溴氰菊酯乳油 1 000 ～ 1 500 倍液。

4. 介壳虫

介壳虫属半翅目昆虫，以蜡蚧科和粉蚧科居多，主要有垫囊绿绵蜡蚧［*Chloropulvinaria psidii*（Maskell）］（图 1–19）、堆蜡粉蚧［*Nipaecoccus vastator*（Maskell）］（图 1–20）、砂皮球蚧（*Saissetia oleae* Bern）（图 1–21）、褐软蚧（*Coccus hesperidum* Linnaeus）（图 1–22）、角蜡蚧（图 1–23）、榕树粉蚧（图 1–24）等，以若虫和雌成虫吸食树干、叶片、果

实汁液，影响果树正常生长及果品质量，部分蚧类还诱发煤烟病等。

图 1-19　垫囊绿绵蜡蚧

图 1-20　堆蜡粉蚧

图 1-21　砂皮球蚧

图 1-22　褐软蚧

图 1-23　角蜡蚧

图 1-24　榕树粉蚧

【生活习性】 广西一年发生 1 ～ 5 代，多以若虫或成虫在枝干、枝条裂缝或卷叶中越冬。3—5 月和 10—11 月成虫及若虫为害较重。一般卵产于卵囊内，初孵若虫从卵囊内爬出，向新梢嫩叶、花穗等地爬行，1 天内即固定取食，不再移动。

【防治方法】

（1）农业防治：及时剪除受害枝、弱枝，并集中销毁。

（2）化学防治：低龄若虫期为最佳防治适期。推荐药剂有：22.4% 螺虫乙酯悬浮剂 3 000 ～ 4 000 倍液、99% 矿物油乳剂 200 ～ 300 倍液。

5. 荔枝叶瘿蚊

荔枝叶瘿蚊（*Litchiomyia chinensis* Yang et Luo）属双翅目瘿蚊科。以幼虫侵入荔枝嫩叶为害，引起叶片上下两面同时隆起成小瘤状虫瘿。严重时整个叶片布满虫瘿，明显抑制光合作用，引起叶片脱落，树势衰弱。

【生活习性】 广西一年发生 7 代，以幼虫在被害叶的虫瘿中越冬。每年 2 月下旬至 3 月，越冬幼虫老熟后钻出虫瘿入土化蛹，3 月下旬至 4 月上旬成虫羽化产卵，卵散产于嫩叶叶背部。初孵幼虫从叶背开始取食为害，形成虫瘿，幼虫在虫瘿中取食生长（图 1–25）。老熟幼虫钻出虫瘿入土化蛹，蛹期 10 ～ 11 天。10 月底为最后一代，此后幼虫越冬。凡茂密、较潮湿的果园受害较重，一般树冠的下层和内膛、苗木和幼树也受害较重，春梢受害常重于秋梢。

图 1–25　荔枝叶瘿蚊为害状

【防治方法】

（1）农业防治：合理修剪，保持果园通风透光；注意排水，降低果园湿度；合理施肥，促进各期新梢抽发整齐。

（2）人工防治：剪除虫害枝梢，带出果园销毁，减少虫源。

（3）化学防治：越冬幼虫入土化蛹前（2月下旬至3月初）和成虫羽化出土期间（3月下旬至4月上旬），可用20%甲氰菊酯乳油1 000～2 000倍液、2.5%溴氰菊酯乳油1 000～2 000倍液、4.5%高效氯氰菊酯乳油1 000～2 000倍液、100克/升联苯菊酯乳油1 000～2 000倍液均匀喷雾于树冠、内膛及周边地表，尤其是潮湿之地、水池、水沟。

6. 荔枝瘿螨

荔枝瘿螨（*Eriophyes litchii* Keifer）属蜱螨目瘿螨科，被害部俗称"毛毡病"。成螨、若螨吸食荔枝龙眼嫩枝、嫩茎及花穗等，引起受害部位畸变，形成毛瘿。被害叶片背部凹陷处生无色透明稀疏小绒毛，随着为害加重，后期绒毛增多变褐色，最后成深褐色形似毛毡状，并扭曲不平状如"狗耳"（图1–26、图1–27）。花穗受害，整个

图1–26　荔枝瘿螨为害荔枝嫩叶

图1–27　荔枝瘿螨致老叶扭曲

花穗似小绒球，不久脱落；幼果受害时，果面和果柄均长出白色绒毛，引起大量落果（图 1–28）。

图 1–28　荔枝瘿螨为害花穗

【**生活习性**】广西一年发生 10 代以上。世代重叠，无明显越冬现象。每年 2—3 月，瘿螨开始在春梢和嫩叶上为害，3—5 月为害最重。毛瘿形成 1 ～ 2 个月内其虫口密度最高，老瘿块几乎找不到瘿螨，枝梢多的果园发生较为严重。

【**防治方法**】

（1）农业防治：及时剪除病枝、弱枝并集中烧毁，减少虫源；合理施肥，增强树势，提高果树抵抗力。

（2）化学防治：花穗期和新梢期为重点防控期。推荐药剂：240 克 / 升螺螨酯悬浮剂 4 000 ～ 5 000 倍液、110 克 / 升乙螨唑悬浮剂 3 000 ～ 4 000 倍液、1.8% 阿维菌素乳油 2 000 ～ 3 000 倍液、100 克 / 升联苯菊酯乳油 1 000 ～ 2 000 倍液喷雾。

7. 白蛾蜡蝉

白蛾蜡蝉（*Lawana imitata* Melichar）属半翅目蛾蜡蝉科，又称白翅蜡蝉、白鸡（图 1–29）。成虫和若虫均喜聚集在主枝、嫩梢、嫩叶、花穗上吸食汁液，使嫩梢生长不良，叶片萎缩弯扭。重者枝枯果落，影响产量和质量。其排泄物可诱发煤污病。

图 1–29　白蛾蜡蝉

【生活习性】白蛾蜡蝉在广西一年发生 2 代；主要以成虫在寄主茂密的枝叶间越冬。第 1 代孵化盛期在 3 月下旬至 4 月中旬；若虫盛发期在 4 月下旬至 5 月初；成虫盛发期 5—6 月。第 2 代孵化盛期于 7—8 月；若虫盛发期 7 月下旬至 8 月上旬；9—10 月陆续出现成虫，9 月中下旬为第 2 代成虫羽化盛期，至 11 月所有若虫几乎发育为成虫；然后随着气温下降成虫转移到寄主茂密枝叶间越冬。翌年 2—3 月天气转暖后，越冬成虫恢复活动，取食、交尾、产卵。

若虫有群集性、活泼善跳，受惊动时便迅速弹跳逃逸。取食时多静伏于新梢、嫩枝，在每次蜕皮前移至叶背，蜕皮后返回嫩枝上取食。若虫体上蜡丝束可伸张，有时犹如孔雀开屏。

成虫善跳能飞，但只作短距离飞行，栖息时在树枝上往往排列成整齐的“一”字形。卵产在枝条、叶柄皮层中，卵粒纵列成长条块，每块有卵几十粒至400多粒；产卵处稍微隆起，表面呈枯褐色。夏秋两季阴雨天多，降水量较大时，害虫发生较严重。

【防治方法】

（1）农业防治：加强果园栽培管理，结合春季疏花疏果和采果后至春梢萌芽前的修剪，剪除过密枝梢和带虫枝，集中烧毁，使树冠通风透光，降低湿度，减少虫源，减轻为害。同时，控制冬梢抽生，既可防止树体养分的大量消耗，影响翌年开花结果，又可中断害虫的食料来源，从而降低虫口基数。

（2）人工防治：利用果园养鸡，在白蛾蜡蝉成虫、若虫期皆可人工刷除果树上的害虫落地，让鸡食之；白蛾蜡蝉若虫期，受惊时常跳跃落地，成为鸡的天然饲料，成虫羽化高峰期可用网捕捉。

（3）生物防治：天敌有20余种，以胡蜂科天敌占优势，尤其以胡蜂科的墨胸胡蜂、黑盾胡蜂、大金箍胡蜂等较多，对控制白蛾蜡蝉的大发生起到了良好的作用。若虫常见天敌有草蛉、螯蜂、绿僵菌等。

（4）化学防治：可用25%噻虫嗪水分散粒剂3 000～4 000倍液、20%呋虫胺可溶粉剂3 000～4 000倍液、20%甲氰菊酯乳油1 000～2 000倍液、2.5%溴氰菊酯乳油1 000～2 000倍液、4.5%高效氯氰菊酯乳油1 000～2 000倍液、100克/升联苯菊酯乳油1 000～2 000倍液均匀喷雾于树冠、内膛。

8. 三角新小卷蛾

三角新小卷蛾（*Olethreutes leucucaspis* Meyrick），又称黄三角黑卷叶蛾（图1-30），属鳞翅目卷蛾科。在各荔枝、龙眼产区均有发生，主要以幼虫为害嫩梢、嫩叶和花穗，幼虫吐丝将嫩叶、花器结缀成团，且匿居其中取食为害，被害严重时，幼叶残缺破碎，花器残缺枯死脱落。影响光合作用和树势的正常生长发育，特别在夏、秋梢期为害尤为严重，直接影响翌年结果母枝的形成。目前三角新小卷蛾的发生量已占为害荔枝和龙眼各种卷叶蛾总量的85%以上，已成为为害荔枝、龙眼卷叶蛾类的优势种群。

图 1-30　三角新小卷蛾及其为害状

【**生活习性**】广西一年可发生9代，世代重叠现象严重。冬春时期仍可见到各种虫态。常年第一代发生于1—4月，虫口数量少；第二代于4月上中旬化蛹；从4月下旬至11月上中旬发生的各世代，历期短，数量大，为害重。此期，卵期3～4天；幼虫期（含预蛹）最长16天，最短10天，平均13.1天；蛹期最长13天，最短6.5天，平均为8.78天。从孵化幼虫至羽化成虫历期最长32天，最短18.5天，平均24.4天。成虫寿命饮清水的5～9天，饮10%蜂蜜糖水的11.5～13.5天，无食的3～7天。11月中旬至翌年3月中旬，世代历期较长，幼虫期25～41天，平均31.9天；蛹期18.3～39天，平均26.4天；成虫寿命6～15天。

成虫多于白天羽化，以14:00—17:00最盛。成虫白天在地面的落叶或杂草丛中停息，晚间交尾产卵，产卵前期1～2天。卵散产在已经萌动的芽梢复叶上的小叶缝隙间，也有产在腋芽上或小叶的叶脉间。在同一复叶上通常着卵1粒，偶有2粒。初孵幼虫从卵的底部钻出，在着卵处先将幼嫩组织咬成一伤口取食，不久便离开卵壳潜入小叶或复叶夹缝中，吐丝粘连成简单的“虫苞”。随着叶片的迅速伸展和虫龄的增大，幼虫便转移另结新苞为害，一般一叶一苞，少数多叶一苞。幼虫结苞时常将叶片斜卷或纵卷为多层圆柱形，或吐丝将小花穗粘连成“苞”，幼虫居中取食。幼虫受到扰动则剧烈跳动。老熟幼虫下坠地面在落叶或杂草叶片上咬卷叶缘结成一个严密的小苞后即吐丝结成薄茧，化蛹其中。

【防治方法】

（1）农业防治：冬季清园，修剪病虫害枝叶，消除部分虫源；中耕除草，可减少越冬虫口基数。

（2）人工防治：合理施肥，促新梢抽发整齐健壮，可缩短适宜成虫产卵、繁殖所需的梢龄期；在果园中，发现有卷叶虫苞、花穗、弱密梢和幼果受害时，及时捕杀。

（3）化学防治：可选用1.8%阿维菌素乳油2 000～2 500倍液、100克/升联苯菊酯乳油2 000～2 500倍液、25克/升高效氯氟氰菊酯乳油2 000～2 500倍液、4.5%高效氯氰菊酯乳油2 000～2 500倍液、10%醚菊酯悬浮剂2 000～2 500倍液喷雾。

9. 龙眼角颊木虱

龙眼角颊木虱（*Cornegenapsylla sinica* Yang et Li）属半翅目木虱科，以成虫在龙眼新梢顶芽、幼叶和花穗嫩茎上刺吸为害；若虫在嫩芽幼叶背面刺吸汁液，致使受害部下陷呈钉状（图1–31），并向叶面突起，若虫即藏身在凹穴中。虫口密度大时，叶面布满小突起，叶片变小，皱缩，淡黄色，影响叶片正常生长和新梢抽发，削弱树势，影响产量。此外，它还是龙眼鬼帚病病原的传毒昆虫之一。

图 1-31　龙眼角颊木虱为害状

【生活习性】龙眼角颊木虱在广西每年发生 7 代，以若虫在被害叶的钉状孔穴内越冬，翌年 2 月下旬至 3 月上旬为越冬代成虫羽化期。成虫在白天羽化，上午羽化最多，羽化后成虫在嫩梢上栖息约 1 天后开始交尾，交尾后 3 天开始产卵，卵散产在嫩叶背、新梢、顶芽、嫩叶柄、花穗枝梗等处，以嫩叶背和嫩梢枝梗上着卵最多，已转绿的幼叶着卵极少。每雌虫一生产卵多的达 100 余粒，少的也有 20 粒左右。卵历期，春季 8 ～ 9 天，夏季 5 ～ 6 天。初孵若虫在幼叶叶背爬行，选择适合部位吸取叶肉汁液，2 ～ 3 天后受害部位叶面上突，叶背凹陷，形成钉状孔穴；若虫一生在孔穴内生活，直到羽化前才爬出孔穴外蜕皮变为成虫。成虫常在新梢上的嫩芽、幼叶栖息取食，取食时头端下俯，腹端上翘；一般白天午间较高温时较活跃，遇惊动能起跳做短距离飞翔；雌虫寿命 4 ～ 8 天，雄虫 3 ～ 6 天。

成虫、卵和若虫一年中发生 5 个高峰期，各期均与龙眼抽发新梢期相遇，但以春梢期虫口密度最高，夏梢、夏延秋梢和二次秋梢虫口密度较低，冬期气温较高的年份，部分若虫羽化为成虫，为害冬梢。龙眼品种中的广眼、青壳石硖等品种受此木虱为害重，而储良、大乌圆、黄壳石硖受为害相对较轻。

【防治方法】

（1）农业防治：加强果园水肥管理，增施有机肥，增强树势，提高果树自身的抗逆能力。力促新梢抽发整齐，叶片尽快转绿老熟，减轻为害。结合采后修剪，剪除虫口密度的复叶，并集中毁灭，适期疏梢、控制冬梢等，把弱枝、阴蔽枝疏去，保持树冠及果园通风透光，清除树上病虫干枝、病虫僵果和病皮，扫除地面枯枝落叶与杂草等，集中烧毁，减少越冬虫源。

（2）生物防治：龙眼角颊木虱若虫期的天敌有粉蛉和姬蜂，中华微刺盲蝽对该虫发生为害有一定的控制作用。

（3）化学防治：对春梢要防控好越冬代若虫和成虫，对夏、秋梢酌情用药挑治。用药可参照白蛾蜡蝉的方法。

10. 蚜虫

蚜虫［*Toxoptera citricidus*（Kirk.）］又名橘蚜、腻虫、蜜虫，属于半翅目蚜总科（图 1–32）。以前极少见在荔枝上为害，近年来局部地区发生较重，常造成各梢的嫩叶卷曲，其分泌物污染叶片，导致煤烟病的大量发生。该虫一年发生 10 ～ 20 代，以春梢受害最重。在4—6 月和 9—10 月是为害高峰期。

图 1–32　蚜虫

【生活习性】广西一年可发生 20 代左右，终年可进行孤雌繁殖，没有休眠现象。由于只为害幼嫩组织的新梢嫩叶、花蕾、幼果等，因此，当3月中旬至4月上旬春梢抽发、花蕾抽生时就开始为害。其繁殖的最适宜温度是24～27℃，温暖干旱，有利生长，以晚春和早秋繁殖最盛。夏季高温多雨均对其不利，死亡率高，生殖力低，故夏季发生较少。当气候不适，食料缺乏或虫口密度过大时，有翅蚜会迁飞他处取食，秋末冬初便出现有性蚜，交配后即产卵，无翅蚜的繁殖力强于有翅蚜。

【防治方法】

（1）农业防治：因蚜虫大多在幼嫩部分为害，故可通过及时抹梢，达到阻断成虫食物链，降低虫口基数的目的。

（2）物理防治：果园中挂黄板可粘捕大量的有翅蚜，及时剪除被害枝及有虫枝。

（3）化学防治：可选用10%吡虫啉可湿性粉剂2 500～3 000倍液，或用5%啶虫脒乳油2 000～3 000倍液、1.8%阿维菌素乳油2 000～3 000倍液、100克/升联苯菊酯乳油1 000～2 000倍液、5%高效氯氰菊酯乳油1 000～1 500倍液、480克/升毒死蜱乳油1 500～2 000倍液喷雾。

11. 白粉虱

白粉虱［*Trialeurodes vaporariorum*（Westwood）］，又名小白蛾子（图1-33），属半翅目粉虱科。成虫和若虫吸食植物汁液，被害叶片褪色、萎蔫，甚至全株枯死。此外，由于其繁殖力强，繁殖速度快，种群数量庞大，群聚为害，并分泌大量蜜液，严重污染叶片和果实，往往引起煤污病的大

图1-33　白粉虱及为害状

发生，使产品失去商品价值。

【生活习性】 广西一年发生10代，发生不整齐，田间各种虫态并存，世代重叠。成虫具趋嫩性。白粉虱一般以卵或成虫在杂草上越冬。繁殖适温18～25℃，对黄色有趋性，营有性生殖或孤雌生殖。卵多散产于叶片上，若虫期共3龄。各虫态的发育受温度因素的影响较大，抗寒弱。一般早春由温室向外扩散，在田间点片发生。

【防治方法】

（1）农业防治：剪除密集的虫害枝，使果园通风透光，及时中耕、施肥、增强树势，提高植株抗虫能力。

（2）物理防治：果园挂黄板，可减少成虫为害。

（3）化学防治：可选用25%噻嗪酮可湿性粉剂1 000～1 500倍液、10%吡虫啉可湿性粉剂1 500～2 000倍液、25%噻虫嗪水分散粒剂2 500～3 000倍液、2.5%联苯菊酯乳油1 500～2 000倍液喷雾。

12. 桃蛀螟

桃蛀螟（*Dichocrocis punctiferalis*）又名桃斑螟，俗称桃蛀心虫、桃蛀野螟（图1-34），属鳞翅目螟蛾科。幼虫为害荔枝、龙眼果穗（图1-35），蛀食果实（图1-36），致使果实脱落或果内充满虫粪不

图1-34　桃蛀螟的成虫、幼虫及蛹

图 1-35 桃蛀螟为害花穗

图 1-36 桃蛀螟为害果实

能食用，对果品产量和质量有较大的影响。

【生活习性】广西每年发生 4 ～ 5 代，均以老熟幼虫在玉米、向日葵、蓖麻等残株内结茧越冬。桃蛀螟成虫白天静伏于枝叶稠密处的叶背、杂草丛中或向日葵花盘背面，傍晚开始活动，黄昏时最盛，多在夜间羽化、交尾、产卵，取食花蜜、露水及成熟果实的汁液。

【防治方法】

（1）农业防治：及时回缩修剪、清除残枝残果，秋季在树干上绑草把，可诱集越冬幼虫并集中销毁。

（2）物理防治：用频振式杀虫灯或性诱捕器诱杀成虫。

（3）化学防治：可选用 1.8% 阿维菌素乳油 2 000 ～ 2 500 倍液、100 克 / 升联苯菊酯乳油 2 000 ～ 2 500 倍液、25 克 / 升高效氯氟氰菊酯乳油 2 000 ～ 2 500 倍液、4.5% 高效氯氰菊酯乳油 2 000 ～ 2 500 倍液、10% 醚菊酯悬浮剂 2 000 ～ 2 500 倍液。

13. 红蜘蛛

红蜘蛛（*Oligonychus litchii* Lo et Ho），又称叶螨（图 1-37），属

蜱螨目叶螨科。该螨主要为害叶正面，叶背部很少。一般多以中老叶上较多、嫩叶较少，也可为害果实。以锋利的口针刺破细胞而吸取汁液，叶片细胞被破坏而丧失叶绿素，使叶片呈现黄白色小斑点，严重时造成叶片变褐至落叶。由于其体色暗红，加上白色的蜕皮和黑色的排泄物，以及其排泄物和所分泌的少量丝网上所粘住的灰尘，常给人以叶片脏污的感觉。

图 1-37　红蜘蛛

【生活习性】红蜘蛛幼螨孵化后，开始向周围乱爬，熟悉周围的环境，几分钟后即开始取食。该螨既可以两性生殖也可以孤雌生殖，两性生殖的后代也有雄性，孤雌生殖的后代只有雄性。

【防治方法】

（1）农业防治：冬春对果园进行翻地，清除地面杂草，可减少红蜘蛛为害。

（2）化学防治：可轮换如下药剂，240 克 / 升螺螨酯悬浮剂 4 000 ～ 5 000 倍液、110 克 / 升乙螨唑悬浮剂 3 000 ～ 4 000 倍液、

1.8% 阿维菌素乳油 2 000 ～ 3 000 倍液、100 克 / 升联苯菊酯乳油 1 000 ～ 2 000 倍液喷雾。

14. 吸果夜蛾类

吸果夜蛾类害虫，在中国已知超过 50 余种，但主要是嘴壶夜蛾（*Oraesia emiarginata* Fabricius）、鸟嘴壶夜蛾（*Oraesia excavata* Butler）及枯叶夜蛾［*Adris tyrannus*（Guenee）］。它们属鳞翅目夜蛾科。以成虫刺吸果实汁液（图 1–38），造成果实腐烂和落果。除为害荔枝龙眼外，也为害枇杷、梨、桃、杏、李、柿、杧果、柑橘、葡萄等多种水果。

图 1–38　吸果夜蛾类的成虫

【生活习性】嘴壶夜蛾在广西一年发生 4 ～ 6 代，主要以幼虫越冬；鸟嘴壶夜蛾约发生 4 代，以幼虫、成虫、蛹越冬；枯叶夜蛾 2 ～ 3 代。3 种吸果夜蛾发生世代常重叠，当果园果实成熟时成虫于傍晚飞入果园，静伏果面刺吸汁液。闷热无风的夜晚出现量最多。气温低于 13℃以下或风力大于 3 级以上时，发生蛾量骤降。

【防治方法】

（1）农业防治：及时清除病、裂果，并集中销毁。

（2）物理防治：用频振式杀虫灯或性诱捕器诱杀成虫。

（3）化学防治：可采集果园中熟透或熟烂果用 480 克 / 升毒死蜱乳油 100 ～ 200 倍液、4.5% 高效氯氰菊酯乳油 200 ～ 500 倍液或 10% 醚菊酯悬浮剂 200 ～ 500 倍液浸泡 10 分钟后，放于塑料袋中，每袋有果 1 千克左右，分别将“药果”放在果园东南方（迎风口）最高处，并将袋口打开。可多放几处，每隔 200 米左右放一袋。

15. 黑刺粉虱

黑刺粉虱［*Aleurocanthus spiniferus*（Quaintance）］，又名橘刺粉虱、刺粉虱、黑蛹有刺粉虱（图 1–39），属半翅目粉虱科。以若虫群集叶背，将口针刺入植物组织吸取汁液；严重时，每叶有虫数百头；因粉虱的排泄物常导致枝、叶发生煤污病，使枝、叶发黑，枯死脱落，影响生长。

图 1–39　黑刺粉虱成虫与若虫

【生活习性】广西一年发生 4 ～ 5 代，发生不整齐，田间各种虫态并存，世代重叠。以三龄幼虫在叶背上越冬；翌春 3 月中旬至 4 月上旬越冬幼虫老熟化蛹，不久羽化为成虫；第一代幼虫在 4 月下旬开始发生。其他各代幼虫发生盛期分别在 5 月下旬、7 月中旬、8 月下旬以及 9 月下旬至 10 月上旬。除 1 ～ 2 代发生较整齐外，其他各代发生均不整齐，有世代重叠现象。成虫多在上午羽化，羽化时从蛹壳背面作“⊥”形裂开飞出，蛹壳留在叶背上；成虫白天活动。羽化后便能交配产卵。孤雌生殖的后代均为雄虫；成虫期 1 ～ 6 天。卵多散产在叶背上，卵基部有一短柄与叶片相连，使卵直立在叶面上。每一雌虫产卵约 20 粒。卵期第一代 20 天左右，其他各代为 10 ～ 15 天；初孵幼虫善爬行，但活动范围不大，常在卵壳上停留数分钟，然后在卵壳附近取食为害。2 ～ 3 龄幼虫即在寄主上固定寄生。成虫寿命仅 2 ～ 4 天，成虫喜湿度较高的环境，常在树冠内幼嫩枝叶上活动。凡杂草丛生、树冠过密、通风不良时发生严重。

【防治方法】

（1）农业防治：剪除密集的虫害枝，使果园通风透光，及时中耕、施肥、增强树势，提高植株抗虫能力。

（2）生物防治：黑刺粉虱的天敌种类很多，包括寄生蜂、捕食性瓢虫、寄生性真菌，应注意保护和利用。在 5 月中旬阴雨连绵时期可每亩用韦伯虫座孢菌菌粉（每毫升含孢子量 1 亿）0.5 ～ 10 千克喷施，或用韦伯虫座孢菌枝分别挂放树冠四周，每平方米 5 ～ 10 枝。

（3）化学防治：参照白粉虱。

16. 天牛类

天牛类种类较多，为害荔枝、龙眼的天牛种群主要有蔗根锯天牛［*Dorysthenes*（*paraphus*）*granulosus*（Thomson）］（图 1-40）、龟背天牛［*Aristobia testudo*（Voet）］、星天牛［*Anoplophora chinensis*（Forster）］（图 1-41）、云斑天牛（*Batocera horsfieldi*）（图 1-42、图 1-43）等。成虫咬食嫩枝、树叶及皮层，形成枯梢。幼虫钻蛀树干基部和主根，虫蛀树干下有成堆虫粪，影响植株生长，甚至衰退枯亡，树干易被风吹折断。

图 1-40　蔗根锯天牛（左）与龟背天牛（右）成虫

图 1-41　星天牛幼虫为害状与成虫

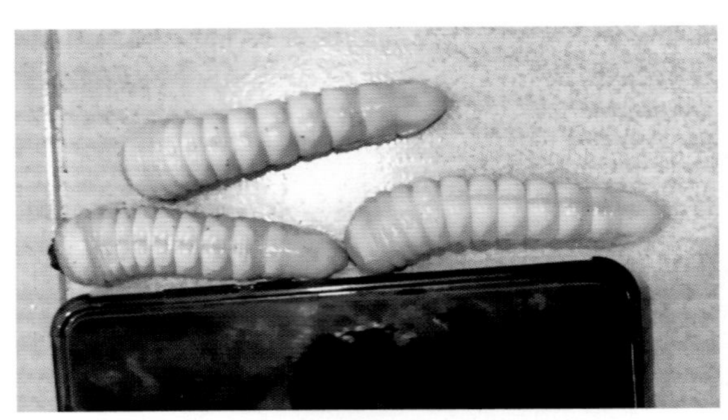

图 1-42　云斑天牛幼虫

图 1-43　云斑天牛成虫

【生活习性】 广西一年发生 1 代或三年 2 代，以幼虫在被害寄主木质部内越冬。翌年 3 月后外界条件适宜时化蛹，蛹期一般为 10 ～ 20 天。5 月开始羽化为成虫。成虫羽化后 15 ～ 25 天进行交尾，产卵期在 6 月上旬至 7 月下旬，卵产于树干下部或主侧枝下部，7 月上中旬为产卵盛期。

天牛一般白天栖息在树干和大枝上，有趋光性，晚间活动取食，是一种危害性很大农林业害虫。

【防治方法】

（1）农业防治：加强果园管理、结合修剪、清洁果园，可减少虫源。

（2）人工防治：果实成熟时及时巡视果园，发现天牛成虫，可进行人工捕杀。

（3）物理防治：该虫有趋光性，可用频振式杀虫灯诱杀。

（4）化学防治：在成虫发生期，树冠上可选用 2% 噻虫啉微囊悬浮剂 1 000 ～ 2 000 倍液、10% 吡虫啉可湿性粉剂 1 000 ～ 1 500 倍液、40% 噻虫啉悬浮剂 15 000 ～ 20 000 倍液、40% 氯虫 · 噻虫胺悬浮剂 2 000 ～ 3 000 倍液喷施树冠表面；在成虫发生期，则可将上述药剂对树干或主枝有蛀虫处进行喷雾。

17. 独角仙

独角仙［*Xylotrupes gideon*（Linnaeus）］，又名橡胶木犀金龟（图 1-44），属鞘翅目犀金龟科。成虫吸食树汁为生，主要以树木伤口处的汁液或熟透的水果为食。独角仙成虫咬食荔枝果实、嫩叶、嫩枝，幼虫蛀食树干，形成孔道，影响果树的生长发育。成虫咬食果实，造成烂果，导致果实失去商品价值。

图 1-44　独角仙及为害状

【生活习性】广西一年发生 1 代，以老熟幼虫在有机质较多的土壤中作土室化蛹越冬。翌年 4 月中下旬外界条件适宜时进行化蛹，蛹期一般为 10 ～ 12 天。5 月开始羽化为成虫。成虫羽化后 17 ～ 22 天进行交尾产卵，产卵期在 6 月中旬至 7 月下旬，将卵产在较疏松或有机质多的土壤中，6 月中下旬为产卵盛期，卵期 8 ～ 15 天。

成虫有发音器、能发出声音，亦具有趋光性，喜群集。多为昼出夜伏、白天在青刚栎流出树液处，或是在光腊树（白鸡油）上常见上百只独角仙聚集的盛况。晚上在有路灯处，也往往可见。主要以树木伤口处的汁液，或熟透的水果为食。

【防治方法】

（1）农业防治：加强果园管理、结合修剪、清洁果园，沤制堆肥，可减少虫源。

（2）人工防治：果实成熟时及时巡视果园，发现独角仙成虫，进行人工捕杀。

（3）物理防治：该虫有趋光，可用频振或杀虫灯诱杀，也可拉网捕杀。

（4）化学防治：在成虫发生期树冠上可选用 2% 噻虫啉微囊悬浮剂 1 000 ～ 2 000 倍液、10% 吡虫啉可湿性粉剂 1 000 ～ 1 500 倍液、

40% 噻虫啉悬浮剂 15 000 ～ 20 000 倍液、40% 氯虫·噻虫胺悬浮剂 2 000 ～ 3 000 倍液喷施或在树冠下表土层施药。

18. 小绿象

小绿象（*Platymycteropsis mandarinus* Fairmaire），又名小粉绿象甲（图 1–45），属鞘翅目象甲科。成虫咬食龙眼、荔枝的新梢嫩叶，造成叶片残缺不全，还咬断花穗及果柄，造成落花落果。

图 1–45　小绿象甲及为害

【生活习性】小绿象甲一年发生 2 代，以幼虫在土壤中越冬。广西一年中从 4 月下旬至 7 月可见成虫活动，5—6 月发生量较大。此虫为害初期，一般先在果园的边缘开始发生，常有数十头至数百头以上群集在同一果枝上取食为害。成虫有假死习性，受到惊动即滚落地面。

【防治方法】

（1）农业防治：冬季结合翻松园土，可杀死部分越冬虫。

（2）人工防治：新种的果园，用干涂胶，可防止成虫上树。即在成虫开始上树时期，用粘胶带环包扎树干，可将成虫粘杀。

（3）化学防治：在成虫发生期树冠上可选用 2% 噻虫啉微囊悬浮剂 1 000 ～ 2 000 倍液、10% 吡虫啉可湿性粉剂 1 000 ～ 1 500 倍液、25% 噻虫嗪水分散粒剂 2 000 ～ 3 000 倍液、40% 噻虫啉悬浮剂 15 000 ～ 20 000 倍液、40% 氯虫·噻虫胺悬浮剂 2 000 ～ 3 000 倍液喷施或在树冠下表土层施药。

19. 麻皮蝽

麻皮蝽［*Erthesina fullo*（Thunberg）］，又名麻椿象、臭屁虫等，属半翅目蝽科。若虫和成虫刺吸为害荔枝、龙眼的嫩梢、花穗及幼果，导致落花、落果。其分泌的臭液可造成受害部位枯死、脱落。

【生活习性】广西一年发生 2 代，以成虫在荔枝、龙眼树的枯枝落叶、墙壁缝隙及禽舍等处越冬。每年 2—3 月，越冬成虫开始在花穗、嫩枝上活动（图 1-46），3 月上旬，成虫开始交配产卵，卵多产于叶背。若虫 4 月初孵化，初孵若虫多群聚，1 天后分散活动。5—11 月老熟若虫先后羽化为成虫。

图 1-46　麻皮蝽

【防治方法】

（1）农业防治：合理修剪虫梢，冬季清园。

（2）人工防治：在冬春季节人工摇树，集中捕杀落地成虫；在 3—5 月成虫产卵期人工摘除卵块，捕捉若虫。

（3）生物防治：在 3—4 月荔枝蝽产卵盛期，用平腹小蜂防治荔枝蝽，具体做法如下：将带有平腹小蜂卵的卵卡置于距地面 1 米的树冠内侧叶片上，每亩每次放卵卡 50 ～ 65 张，每 10 天放 1 次，连续 2 ～ 3 次。

（4）化学防治：防治药剂按照荔枝蝽。

20. 铜绿丽金龟

铜绿丽金龟（*Anomala corpulenta* Motsch.）（图 1–47），属鞘翅目丽金龟科。成虫取食叶片，常造成大片幼龄果树叶片残缺不全，甚至全树叶片被吃光。

图 1–47　铜绿丽金龟及其为害状

【生活习性】广西每年发生 1 代，以 3 龄或 2 龄幼虫在土中越冬。翌年 4 月越冬幼虫开始活动为害，5 月下旬至 6 月上旬化蛹，6—7 月为成虫活动期，直到 9 月上旬停止。幼虫在春、秋两季为害最烈。成虫夜间活动，趋光性强。成虫具趋光性及假死性，昼伏夜出，白天隐伏于地被物或表土，出土后在寄主上交尾、产卵。寿命约 30 天。在气温 25℃以上、相对湿度为 70% ～ 80% 时为活动适宜温度，为害较严重。卵散产于根系附近 5 ～ 6 厘米深的土壤中，卵期 10 天。7—8 月为幼虫活动高峰期，10—11 月进入越冬期。雨量充沛的条件下成虫羽化出土较早，盛发期提前，一般南方的发生期约比北方早。

【防治方法】

（1）农业防治：开荒垦地，破坏蛴螬生活环境；结合中耕除草，清除田边、地堰杂草；尤其当幼虫（或称蛴螬）在地表土层中活动时适期进行深耕同时捡拾幼虫，不施用未腐熟的秸秆肥。

（2）人工防治：人工防治利用成虫的假死习性，早晚振落捕杀成虫。

（3）物理防治：当成虫大量发生时，于黄昏后在果园边缘点火诱杀，或利用频振式杀虫灯诱杀。

（4）化学防治：在成虫发生期树冠上可选用 2% 噻虫啉微囊悬浮剂 1 000 ～ 2 000 倍液、10% 吡虫啉可湿性粉剂 1 000 ～ 1 500 倍液、40% 噻虫啉悬浮剂 15 000 ～ 20 000 倍液、40% 氯虫 · 噻虫胺悬浮剂 2 000 ～ 3 000 倍液，喷施或在树冠下表土层施药。

21. 白星花金龟

白星花金龟［*Protaetia brevitarsis*（Lewis）］，又名白纹铜花金龟、白星花潜、白星金龟子等（图 1-48），属鞘翅目金龟科。成虫主要为害成熟的果实，多头虫在一起将果实咬成大洞，对果树产量与果实质

图 1-48　白星花金龟

量影响较大。幼虫主要为害地下根茎，将根咬断，造成植株生长衰弱，严重时可导致枯死。

【生活习性】白星花金龟一年发生 1 代，主要以 2 ～ 3 龄幼虫在地下腐殖质或厩肥中越冬，以地下根或腐殖质为食，翌年 4—6 月，幼虫在地下 20 厘米深的土壤中老熟化蛹，大约 20 天后，蛹羽化为成虫，每年 6—8 月为成虫为害盛期，成虫对甜味、腐败的醋酸味有趋性，有假死性、受惊后掉落或飞走，成虫交配后将卵产在土缝中，卵期 10 ～ 12 天孵化成幼虫（蛴螬），幼虫在土壤中取食并进行越冬。

【防治方法】

（1）农业防治：冬春季，结合果园除草松翻园土，杀死在土中生活的部分幼虫或蛹体。

（2）人工防治：利用成虫有假死的习性，在成虫零星发生区，可采取人工捕杀。在发生较严重的果园，于成虫盛发期，每天傍晚或凌晨 7：00 时前，采用摇动树枝使虫子落下集中杀灭。

（3）物理防治：有条件的果园，可安装频振式杀虫灯诱杀成虫。

（4）化学防治：参照铜绿丽金龟防治方法。

22. 龙眼长跗萤叶甲

龙眼长跗萤叶甲（*Monolepta occifuvis* Jressitt et Kimoto），又名红头长跗萤叶甲，属鞘翅目叶甲科（图 1-49）。除为害龙眼叶外，还能为害荔枝、杧果和扁桃等果树；以成虫咬食龙眼的新梢嫩叶，严重时咬食新梢嫩茎皮层或咬食顶芽嫩茎和幼果皮层，致使新梢不能正常抽发，结果母枝不能形成或少形成花穗，严重影响树势。

图 1-49　龙眼长跗萤叶甲

【生活习性】该虫在广西一年发生 1 ～ 3 代，即有些个体仅完成一代，有些个体可完成 3 代，世代严重重叠。以幼虫在龙眼树盘土表下或以成虫在龙眼树冠中越冬。越冬成虫于翌年 3 月中下旬开始产卵；而越冬幼虫一般在翌年 3 月中旬至 4 月陆续羽化为成虫，并交尾产卵繁殖。雌虫一生行多次交尾与产卵，每次产卵 2 ～ 80 粒。雌虫一生一般产卵 290 ～ 760 粒；卵产在龙眼树盘下的表土中，散产或数粒聚集。卵期 3—4 月为 25 ～ 29 天，5—10 月为 17 ～ 19 天。幼虫在表土层生活，多以龙眼细根或腐殖质为食，幼虫期一般 60 ～ 70 天；老熟幼虫在表土层先做蛹室，后在其中化蛹，预蛹期 4 ～ 5 天，蛹期 11 ～ 15 天。成虫羽化后在土中停息 1 ～ 2 天后爬出地面，随后飞上树冠栖息、取食、交尾。成虫有群聚取食习性，常有数头以上群集在同一嫩梢上取食，一般在 10：00 前和 16：00 以后取食最多，阴雨天气则全日可取食；尤其喜欢咬食刚转绿的龙眼嫩叶，当没有这类嫩叶时，可咬食顶芽、腋芽和尚未木栓化的新梢皮层或幼果皮层。成虫一旦受惊扰即跳跃坠落，短暂假死，或下坠至半途便展翅飞逃，飞翔能力较强。

该虫在广西的西南部地区，一年中 2—12 月均有成虫为害活动，但成虫数量较多的时期为 3 月下旬至 4 月中旬、6 月下旬至 7 月中旬、8 月下旬至 9 月中旬、10 月中旬至 11 月中旬。龙眼各次梢期均受其害，但夏延秋梢和秋梢受害对产量影响较大。凡土质疏松、吸收根系旺盛、腐殖质丰富和排水良好的果园，此虫发生普遍且较严重。幼虫、蛹分布在树盘上表土层中，其中以距树干 30 ～ 200 厘米范围和土层 3 ～ 5 厘米深处的虫口密度较大。

【防治方法】

（1）农业防治：由于此虫的幼虫、蛹均在龙眼树盘土层中生活，结合果园的中耕除草，将树盘的土壤松翻一次，恶化其生活条件，可减少虫源。

（2）化学防治：对本叶甲发生为害较重的果园，可选用 2% 噻虫啉微囊悬浮剂 1 000 ～ 2 000 倍液、10% 吡虫啉可湿性粉剂 1 000 ～ 1 500 倍液、25% 噻虫嗪水分散粒剂 2 000 ～ 3 000 倍液、40% 噻虫啉悬浮剂 15 000 ～ 20 000 倍液、40% 氯虫 · 噻虫胺悬浮剂 2 000 ～ 3 000 倍液，喷施或在树冠下表土层施药。

23. 亥麦蛾

亥麦蛾（*Hypitima longanae* Yang et Chen）属鳞翅目麦蛾科。该虫主要以幼虫钻蛀龙眼的新梢嫩茎、花穗梗，受害的茎梗髓部形成暗褐至黑褐色的隧道，枝梢生长受阻，小叶卷曲，症状与鬼帚病有些相似（图 1-50、图 1-51、图 1-52）。

图 1-50　亥麦蛾成虫

图 1-51　亥麦蛾幼虫及为害状

图 1-52　亥麦蛾蛹及为害状

【生活习性】在广西南宁一年发生 5 ～ 6 代，世代重叠，以幼虫或蛹在受害的枝梢内越冬。越冬幼虫于 12 月下旬至翌年 1 月陆续化蛹，1 月上中旬至 2 月羽化出成虫。成虫一般在 8：00—10：00 和 15：00—17：00 羽化，白天多栖息在树叶或草丛的阴蔽处，晚间进行交尾产卵活动。雌蛾产卵前期 3 ～ 5 天，产卵历期 4 ～ 8 天，每雌蛾日平均产卵 5 ～ 6 粒，卵散产，并多产在新梢顶芽夹缝和嫩叶背面叶脉间，或嫩梢花穗梗表皮裂缝处。卵期 7 ～ 11 天，幼虫多于 9：00—11：00 孵化，初孵幼虫由卵底直接蛀入取食，后转移到顶芽幼嫩处蛀入为害。幼虫蛀入嫩梢后，通常向下蛀食，被害部形成隧道，隧道内壁黑色、光滑，并在适当的部位咬一圆形孔口，以便不断向洞外排出粪便。随着虫龄增大，隧道直向下延伸，洞口也不断扩大。若新梢老化，幼虫可转梢为害。幼虫历期 19 ～ 25 天，共 4 龄，一生可转梢为害 1 ～ 2 次。老熟幼虫在隧道中距洞口近处化蛹，蛹期 7 ～ 11 天。

该虫幼虫可蛀害龙眼各个品种，但以石硖品种受害较重，储良品种次之。一年中，龙眼的春梢、花穗梗被害普遍和严重，夏梢受害也较重，秋梢则较轻。

【防治方法】

（1）农业防治：加强栽培管理，各梢期要合理施肥，促进新梢抽发整齐，以缩短适宜产卵、侵害的物候期，减轻为害。

（2）人工防治：结合修剪或疏梢、疏花和疏果工作，适度剪除虫梢和虫穗，以减少虫源。

（3）化学防治：对发生较重的果园可选用 90% 杀虫单可溶粉剂 1 000 ～ 1 500 倍液、25% 除虫脲可湿性粉剂 1 500 ～ 2 000 倍液、200 克 / 升氯虫苯甲酰胺悬浮剂 2 000 ～ 3 000 倍液、1.8% 阿维菌素乳油 2 000 ～ 3 000 倍液喷雾、100 克 / 升联苯菊酯乳油 1 000 ～ 2 000 倍液、5% 高效氯氰菊酯乳油 1 000 ～ 1 500 倍液，进行喷雾。

24. 木毒蛾

木毒蛾（*Lymantria xylina* Swinhoe）属鳞翅目毒蛾科，主要以幼虫取食荔枝叶片，暴发时可将果园叶片全部吃光，导致树枝光秃，荔枝绝收（图 1–53）。

【生活习性】广西一年发生 1 代，以卵在枝干越冬。每年 3 月初越冬卵开始孵化，幼虫随后分散取食（图 1–54），4 月下旬至 5 月上旬为高龄幼虫暴食期（图 1–55），老熟幼虫吐丝在树干或叶片上化蛹（图 1–56），蛹期 7 ～ 10 天，5—6 月羽化成虫，成虫大量产卵后死亡（图 1–57）。卵聚产并上覆浅黄色绒毛，于枝干上等待越冬。

图 1–53　木毒蛾为害状

图 1–54　木毒蛾越冬卵及初孵幼虫

图 1–55　木毒蛾高龄幼虫

图 1–56　木毒蛾蛹

图 1–57　木毒蛾成虫产卵

【防治方法】

（1）人工防治：7 月至翌年 2 月可采摘卵块，并集中烧毁，降低越冬虫源基数。

（2）物理防治：每年 5 月上旬至 6 月下旬，为成虫羽化期，可每 15 亩果园挂频振式杀虫灯一个，诱杀成虫。

（3）化学防治：3 月中至 4 月中旬为低龄幼虫初孵期，可集中挑治。推荐药剂：20% 甲氰菊酯乳油 1 000 ～ 1 500 倍液、2.5% 溴氰菊酯乳油 1 000 ～ 1 500 倍液、4.5% 高效氯氰菊酯乳油 1 000 ～ 1 500 倍液、100 克 / 升联苯菊酯乳油 1 000 ～ 2 000 倍液、1.8% 阿维菌素乳油 1 000 ～ 2 000 倍液。

25. 双线盗毒蛾

双线盗毒蛾［*Porthesia scintillans*（Walker）］（图 1–58），属鳞翅目毒蛾科。在龙眼荔枝上，幼虫咬食新梢嫩叶、花器和谢花后的小果；还为害芒果、柑橘、梨、桃、玉米、棉花、豆类等，是一种植食性兼肉食性的昆虫。在甘蔗上，其幼虫可捕食甘蔗绵蚜；在玉米和豆类上，幼虫既咬食花器，又可捕食蚜虫。

图 1–58　双线盗毒蛾幼虫

【生活习性】广西的年发生 4 ～ 5 代，以幼虫越冬，但冬季气温较暖时，幼虫仍可取食活动。成虫于傍晚或夜间羽化，有趋光性。卵产在叶背或花穗枝梗上。初孵幼虫有群集性，在叶背取食叶肉，残留上表皮；2 ～ 3 龄分散为害，常将叶片咬成缺刻、穿孔，或咬坏花器，或咬食刚谢花的幼果。老熟幼虫入表土层结茧化蛹。

在广西的西南部，4—5 月，幼虫为害龙眼、荔枝的花穗和刚谢花后的小幼果较重，以后各代多为害新梢嫩叶。

【防治方法】

（1）农业防治：结合疏梢、疏花，及时清除田间残株落叶，集中深埋或烧毁。冬季清园，适当翻松园土。

（2）化学防治：参照木毒蛾防治药剂。

26. 剑心银斑舟蛾

剑心银斑舟蛾［*Tarsolepis remicaude*（Butler）］，属鳞翅目舟蛾科（图 1–59）。在广西一般于 4 月以幼虫为害荔枝龙眼的嫩叶及枝梢，暴发时可将果园叶片全部吃光，导致树枝光秃，荔枝龙眼绝收（图 1–60）。

【生活习性】该虫的年发生代数不详，以老熟幼虫钻入土层作室化蛹。

图 1–59　剑心银斑舟蛾成虫、幼虫及蛹

图 1-60　剑心银斑舟蛾幼虫为害状

【防治方法】

（1）人工防治：由于该虫在果园地表土层中化蛹，中耕除草，松翻园土，可破坏其化蛹场所，减少蛹基数。

（2）物理防治：每年 5 月上旬至 6 月下旬，为成虫羽化期，可每 15 亩果园挂频振式杀虫灯一个，诱杀成虫。

（3）化学防治：在该虫低龄幼虫期，可用如下药剂进行喷雾：20% 甲氰菊酯乳油 1 000 ～ 1 500 倍液、2.5% 溴氰菊酯乳油 1 000 ～ 1 500 倍液、4.5% 高效氯氰菊酯乳油 1 000 ～ 1 500 倍液、100 克 / 升联苯菊酯乳油 1 000 ～ 2 000 倍液、1.8% 阿维菌素乳油 1 000 ～ 2 000 倍液。

27. 黑蚱蝉

黑蚱蝉（*Cryptotympana atrata* Fabrcius），又称鸣蜩、马蜩、秋蝉、蜘、蜘蟟、知了（图 1-61），属半翅目蝉科。若虫在土壤中刺吸植物根部，成虫刺吸枝干，产卵造成植物

图 1-61　黑蚱蝉及为害状

枝干枯死。

【生活习性】数年发生1代，以若虫在土壤中或以卵在寄主枝干内越冬。若虫在土壤中刺吸植物根部，为害数年，老熟若虫在雨后傍晚钻出地面，爬到树干及植物枝条上脱皮羽化。成虫栖息在树干上，夏季不停地鸣叫，8月为产卵盛期。以卵越冬者，翌年6月孵化若虫，并落入土中生活，秋后向深土层移动越冬，来年随气温回暖，上移刺吸为害。被害枝条上的黑蚱蝉卵于翌年5月中旬开始孵化，5月下旬至6月初为卵孵化盛期，6月下旬终止。若虫（幼虫）随着枯枝落地或卵从卵窝掉在地上，孵化出的若虫立即入土，在土中的若虫以土中的植物根及一些有机质为食料。若虫在土中一生蜕皮5次，生活数年才能完成整个若虫期。在土壤中的垂直分布，以0～20厘米的土层居多，占若虫数的60%左右。有些则能达到30厘米或者1米多甚至更深。生长成熟的若虫于傍晚由土内爬出，多在雨后土质湿润柔软的晚上掘开泥土，凭着生存的本能爬到树干、枝条、叶片等可以固定其身体的物体上停留，以叶背居多，不食不动，约经半小时或者更长时间的静止阶段后，其背上面直裂一条缝蜕皮后变为成虫，初羽化的成虫体软，色淡粉红，翅皱缩，后体渐硬，色渐深直至黑色，翅展平，前后经6～7小时（即将天亮），振翅飞上或爬上树梢活动。一年当中，6月上旬老熟若虫开始出土羽化为成虫，6月中旬至7月中旬为羽化盛期，10月上旬终止。若虫出土羽化在一天中，夜间羽化占90%以上。尤以20：00—22：00最多。另外凌晨4：00—6：00羽化一次。成虫经15～20天后才交尾产卵，6月上旬成虫即开始产卵，6月下旬末到7月下旬为产卵盛期，9月后为末期。卵主要产在1～2年生、枝条的直径在0.2～0.6厘米的枝上，一条枝条上卵穴一般为20～50穴，多者有146穴。每穴卵1～8粒，多为5～6粒。

【防治方法】

（1）农业防治：① 彻底清除园边寄主植物，黑蚱蝉最喜在苦楝、香椿、油桐、桉树等树上栖息，可将园边寄主树彻底消除，避免招惹入园或断绝该虫迁飞转移，便于集中杀灭。② 结合冬季和夏季修剪，剪除被产卵而枯死的枝条，以消灭其中大量尚未孵化入土的卵粒，剪下枝条集中烧毁。由于其卵期长，利用其生活史中的这个弱点，坚持数年，收效显著。此方法是防治此虫最经济、有效、安全简易的方法。

（2）人工防治：老熟若虫具有夜间上树羽化的习性，有锐利的爪，而无爪间突，不能在光滑面上爬行。在树干基部包扎塑料薄膜或是透明胶，可阻止老熟若虫上树羽化，滞留在树干周围可人工捕杀或放鸡捕食。在 6 月中旬至 7 月上旬雌虫未产卵时，夜间人工捕杀。振动树冠，成虫受惊飞动，由于眼睛夜盲和受树冠遮挡，掉落地面。另外用稻草或是布条缠裹长的果柄（如沙田柚）或是果实套袋可避免成虫产卵为害。

（3）化学防治：① 毒杀幼虫，可用 40% 辛硫磷乳油 400 ～ 500 倍液浇淋树冠下部；② 杀灭成虫，参照龙眼角颊木虱的药剂即可。

28. 龙眼鸡

龙眼鸡［*Pyrops candelaria*（Linnaeus）］属半翅目蜡蝉科，又叫长鼻蜡蝉、龙眼樗鸡（图 1-62）。可为害龙眼、荔枝、芒果、橄榄、

图 1-62　龙眼鸡

柚子等，是热带、亚热带果园中常见的害虫，无论成虫、若虫均吸食寄主枝干汁液，使枝条干枯、树势衰弱，甚至落果；其排泄物还可诱发煤烟病。

【生活习性】龙眼鸡一年发生 1 代，以成虫在树枝主干越冬。每年 3 月开始活动，分散在寄主枝干上刺吸取食，补充营养，直至 5 月始交尾产卵，卵块多产于离地面 1.5 ～ 2 米的主干或主枝，通常每雌仅产 1 卵块，有卵 60 ～ 100 粒，数行纵列成长方形，并被有白色蜡粉。卵期 20 ～ 30 天。6 月若虫盛孵，初孵若虫有群集性、活泼、善跳跃，一旦受惊扰，若虫便弹跳逃逸，发生严重时虫口密布于枝叶丛间。9 月上中旬若虫逐渐羽化，成虫善跳能飞，受惊扰迅速弹跳飞逃。

【防治方法】

（1）农业防治：结合修剪或疏梢，刮除卵块。若虫期，扫落若虫，放鸡啄吃。

（2）人工防治：在越冬成虫产卵前捕捉成虫。

（3）生物防治：成虫常被一种龙眼鸡寄蛾（*Fulgoraecia bowringi* Bewman）寄生，每年 6 月寄生率较高。

（4）化学防治：参照龙眼角颊木虱的方法。

29. 胡蜂

图 1–63　胡蜂及为害荔枝情况

胡蜂（*Vespa velutina nigrithorax* Buysson）（图 1–63），属膜翅目胡蜂科。成虫主要以花蜜为食，但幼虫以母体提供的昆虫为食。胡蜂以成虫啃食成熟的水果，残留果皮、果核。

【生活习性】胡蜂为有社会性行为的昆虫类群。胡蜂一生营巢而居，蜂群中有后蜂、职蜂（或称工蜂）（雌性）和雄蜂的区别。后蜂为前一年秋后与雄蜂交配受精的雌蜂，它们把精子贮存在贮精囊中，到交配时分次使用。雄蜂在交配后不久即死亡。天渐冷时，受精雌蜂纷纷离巢寻觅墙缝、草垛等避风场所，抱团越冬。翌年春季，存活的雌蜂散团外出分别活动，自行寻找适宜场所建巢产卵。它们所产的受精卵形成雌蜂，未受精卵形成雄蜂。由于职蜂增多，蜂巢逐渐扩大。职蜂负责筑巢和饲育幼虫。中国中部地区每年有 3 次发生高峰。秋后，巢中的雄蜂约占总数的 1/3，为一年中雄蜂最多的时期。一般气温在 12 ～ 13℃时，胡蜂出蛰活动，16 ～ 18℃时开始筑巢，秋后气温降至 6 ～ 10℃时越冬。春季中午气温高时活动最勤，夏季中午炎热，常暂停活动。晚间归巢不动。有喜光习性。风力在 3 级以上时停止活动。相对湿度在 60% ～ 70% 时最适于活动，雨天停止外出。胡蜂嗜食甜性物质。在 500 米范围内，胡蜂可明确辨认方向，顺利返巢，超过 500 米则常迷途忘返。

【防治方法】

（1）物理防治：用捕虫罩网对胡蜂进行网捕，用火把将树上的蜂巢直接烧毁。

（2）化学防治：① 毒饵法，可选用 4.5% 高效氯氰菊酯乳油、1.8% 阿维菌素乳油或 2.5% 多杀霉素悬浮剂稀释 100 ～ 200 倍液，然后将 10 ～ 20 克新鲜的肉（猪、鱼、鸡、鸭）切成细条，放入药液中浸泡 10 分钟，取出放于果园的枝梢上，让胡蜂带回巢穴；② 喷杀法，可选用 100 克 / 升联苯菊酯乳油 1 000 ～ 1 500 倍液、25 克 / 升高效氯氟氰菊酯乳油 1 000 ～ 1 500 倍液、4.5% 高效氯氰菊酯乳油 1 000 ～ 1 500 倍液、10% 醚菊酯悬浮剂 1 000 ～ 1 500 倍液直接喷于胡蜂及其巢穴各进出口。

30. 蜗牛、蛞蝓

蜗牛、蛞蝓均属于无脊椎软体动物，为害荔枝、龙眼的主要种群为薄球蜗牛（*Truticiola ravida* Benson）与野蛞蝓（*Agriolimax agrestis*）。两者的为害习性相似，外形差异是蜗牛有壳（图 1-64），蛞蝓无壳（图 1-65）。

图 1-64　蜗牛为害荔枝

图 1-65　蛞蝓为害荔枝

【生活习性】

蜗牛及蛞蝓类在华南地区一年生 1 代，均喜欢温暖潮湿的环境，但怕光，强光下 2 ～ 3 小时即死亡。因此均白天潜伏，夜间活动。从傍晚开始出动，22：00—23：00 时达高峰，清晨之前又陆续潜入土中或隐蔽处；遇有阴雨天多整天栖息在植株上，阴暗潮湿的环境易于大发生。它们靠舌头上的锉形组织和舌头两侧角质带状组织上布满的细小牙齿磨碎植物的茎、叶或根。

【防治方法】

（1）人工防治：结合修剪或疏梢、疏花和疏果工作，增加果园通风透光，可减轻为害。

（2）化学防治：发生期，可用或用 70% 杀螺胺乙醇胺盐可湿性粉剂 40 ～ 60 克 / 亩，兑水喷雾；6% 四聚乙醛颗粒剂 400 ～ 500 克 / 亩、茶子饼粉 3 千克 / 亩，撒施。

第二章

荔枝龙眼主要病害及寄生、附生植物

1. 荔枝霜疫霉病

【名称与症状】

荔枝霜疫霉病，主要为害荔枝花穗、叶片和果实。花穗受害变褐，造成落花无果（图 2-1）；叶片受害，叶表形成不规则褐色斑块；果实受害，从果蒂开始变褐，致全果变褐腐烂。湿度大时，受害花、叶、果病部表面长出白色霉状物（图 2-2）。

图 2-1　荔枝霜疫霉病为害荔枝花穗

图 2-2　荔枝霜疫霉病为害荔枝果实

【病原及发病规律】

荔枝霜疫霉菌（*Peronophythora litchi*），属于鞭毛菌亚门、卵菌纲真菌。病原菌以菌丝体和卵孢子在病叶、病果及土壤中越冬。2—4

月开始产生孢子囊，其游动孢子入侵叶片、花穗和果实。高湿度是引起荔枝霜疫霉病的最重要因素。花期和果实成熟期是荔枝霜疫霉病重点为害期。已感病的果园，只要连续下雨数天，病害将严重暴发；若果实采前染病，采收后在运输中遇到高湿条件则会引起大量烂果。

【防治方法】

（1）农业防治：加强果园管理，合理施肥，增强树势，注意果园的通风透光；采果后修剪清除病枝、病花枝和病果，然后集中烧毁。

（2）化学防治：在荔枝花期和幼果期，特别是近成熟期注意预防该病害发生。可选用 50% 烯酰吗啉可湿性粉剂 1 000 ～ 1 500 倍液、25% 嘧菌酯悬浮剂 1 000 ～ 1 500 倍液、25% 吡唑醚菌酯悬浮剂 1 500 ～ 2 000 倍液、60% 唑醚·代森联水分散粒剂 1 000 ～ 1 500 倍液、68% 精甲霜·锰锌水分散粒剂 600 ～ 800 倍液、80% 代森锰锌可湿性粉剂 600 ～ 800 倍液等，每隔 7 天至少喷一次。

（3）注意事项：防治荔枝霜疫霉病的农药较多，但该病害重在预防，且极易产生抗药性，故绝不能长期用同一种杀菌药剂，要轮流交替使用。

2. 荔枝炭疽病

【名称与症状】

荔枝炭疽病，主要为害果实、枝梢和叶片。果实受害，果面出现不规则暗褐色病斑，病健边界不明显，后期果实腐烂（图 2-3）；花受害，花穗柄变褐发黑，致使花或幼果脱落（图 2-4）；叶片受害，从叶尖边缘开始出现不规则褐斑，也可形成圆形褐斑，后期病斑中央颜色变淡。

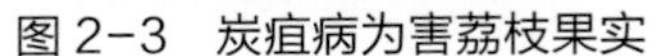

图 2-3　炭疽病为害荔枝果实

图 2-4　炭疽病为害荔枝花穗

【病原及发病规律】

荔枝炭疽病病原（*Gloeosporium fructigenum*），属半知菌亚门真菌，盘长孢属。病原菌主要以菌丝体在病果、病枝、病叶上越冬。每年春天，病组织上产生分生孢子盘，其上的分生孢子依靠风雨传播，病原菌入侵寄主后，可直接产生病斑，也可潜伏直至果实成熟前表现症状。高温天气是荔枝炭疽病发生的主要诱因。果园管理粗放、树势较弱的幼年树和老年树较易发病。

【防治方法】

（1）农业防治：参见荔枝霜疫霉病。

（2）化学防治：在荔枝开花前、幼果期和近成熟期主要预防该病害。可选用 450 克 / 升咪鲜胺水乳剂 1 000 ～ 1 500 倍液、25% 嘧菌酯悬浮剂 1 000 ～ 1 500 倍液、40% 苯醚甲环唑悬浮剂 800 ～ 1 000 倍液、25% 吡唑醚菌酯悬浮剂 1 500 ～ 2 000 倍液、60% 唑醚 · 代森联水分散粒剂 1 000 ～ 1 500 倍液。

（3）注意事项：同荔枝霜疫霉病。

3. 荔枝酸腐病

【名称与症状】

荔枝酸腐病，主要为害成熟果实，多从蒂部开始发病。病部初呈褐色，后逐渐变为暗褐色并迅速扩大直至全果变褐腐烂（图 2-5）。其外壳硬化，暗褐色，内部果肉腐化，有酸臭味并有腐水流出。

病部长满白色霉（病菌的分生孢子）。荔枝酸腐病易与霜疫霉病混淆，其与霜疫霉病的区别是该病只为害成熟果实，且不像霜疫霉病病果可以见到明显的病斑。一般发生于荔枝蝽为害严重的果园，以及贮藏一定时间后的成熟果。霉层呈粉状，而不是白霜状（图 2-6）。

图 2-5　荔枝酸腐病果实

图 2-6　贮藏中发病的荔枝酸腐病果实

【病原及发病规律】

荔枝酸腐病（*Geotrichum candidum*），为半知菌卵孢菌属真菌所致。病菌的菌丝、分生孢子梗和分生孢子无明显区别。分生孢子梗极短，形状不一，无色。分生孢子由菌丝断裂而成，初形成时多个孢子相连如念珠，孢子间有短颈相连，孢子无色透明。荔枝酸腐病菌是一种寄生性很弱的病原菌，分生孢子吸水萌发后只能通过裂果、虫伤口侵染发病，可借风雨或昆虫传播。储藏和运输期间，健果与病果接触也可感病。病原菌在土壤、烂果中越冬，翌年荔枝果实成熟时，分生孢子借风雨传播侵染果实发病，并大量产生孢子，再次侵染其他果实。

【防治方法】

（1）农业防治：加强果园管理、增施有机肥、增强树势，将病残枝及病果、落果及时清除并销毁，采收时发现有病果及时拣出。

（2）化学防治：在收果前，可选用450克/升咪鲜胺水乳剂1 000～1 500倍液、25%嘧菌酯悬浮剂1 000～1 500倍液、40%苯醚甲环唑悬浮剂800～1 000倍液、25%吡唑醚菌酯悬浮剂1 500～2 000倍液、60%唑醚·代森联水分散粒剂1 000～1 500倍液；果实采收后，也可用450克/升咪鲜胺水乳剂800～1 000倍液浸果。

4. 龙眼丛枝病

【名称与症状】

龙眼丛枝病又称龙眼鬼帚病，主要为害新梢嫩叶和花穗。发病的枝梢和花穗不能正常抽发新梢和开花结果，严重影响产量和树势。幼叶染病后不伸展，狭小，叶缘内卷呈月牙形，严重的卷曲成线状，淡绿色。成叶被侵染后出现叶缘一侧或两边局部内陷扭曲，叶面凹凸不平，呈波浪形，叶脉黄化，叶缘向叶背卷曲，叶肉浅黄绿色斑纹等症状。病株上有时在一枝梢上同时出现畸形叶和大小正常叶，但叶面凹凸不平，且有明显斑驳。有时在同一枝条上，春、秋梢叶片畸形，而夏梢叶片正常生长。被侵染的枝梢，节间缩短，侧枝丛生呈扫帚状，落叶后，枝梢逐渐枯死呈秃枝状。染病后的花器不发育或发育不正常，花穗密集丛生呈簇状，花畸形膨大，花多，早落，不结果或结少量不堪食用的小果，病穗干枯，褐色，经久不落，常悬挂在枝梢上（图 2-7）。

图 2-7　龙眼鬼帚病

【病原及发病规律】

龙眼（荔枝）鬼帚病，其病原分别为龙眼鬼帚病毒（*Longan witches broom virus*）和荔枝鬼帚病毒（*Litchi witches broom virus*），病毒粒体线状，多存在于寄主筛管内。

接穗、种子、苗木和花粉可带毒，嫁接能传病，调运带毒的苗木等繁殖材料是该病远距离传播的主要途径。荔枝蝽和龙眼角颊木虱是该病的自然传毒介体。荔枝蝽 1 ～ 2 龄若虫不能传病，但 3 ～ 4 龄若虫的传病率高达 18.8% ～ 45%，成虫寿命长，能飞翔，其传病范围和传病时期均超过若虫。荔枝蝽成虫和若虫每年 6—11 月均能传播该病。龙眼角颊木虱成虫传病率为 22.3% ～ 37.8%。果园内和邻近果园间的病害扩展、蔓延主要依靠虫传。其潜育期短的为 3 个月，长的约 1 年。对龙眼各品种、各树龄均可侵染，但一般高压苗比实生苗发病率高，幼龄树比成年树易感病；储良、红核子、牛仔、大粒、赤壳、福眼、乌龙岭等品种较感病，而石硖、信代本、东壁、大乌圆等品种较抗、耐病，绝大多数荔枝品种无此病、即便偶感该病的荔枝其病穗也极少。春季的病梢、病花穗较多，秋梢的病梢次之。果园管理差，果树长势弱，荔枝蝽和龙眼角颊木虱发生为害较重的，则容易发病。龙眼鬼帚病毒和荔枝鬼帚病毒可互相通过媒介昆虫传到荔枝或龙眼上。

荔枝极少发生鬼帚病。

【防治方法】

（1）农业防治：① 实行检疫，应严格做好苗木检疫工作，防止带毒的苗木等繁殖材料传入新区。② 选用抗病良种，培育和种植无毒良种壮苗。可在隔离条件较好的地方建立无病母本园（供采穗和采种）和无病苗圃，培育无毒苗。③ 抓好种植规划，选栽抗耐病品种。不同品种实行分片种植，避免各品种混栽，以减少病毒侵染范围。选品质优良、具有抗耐病能力适合当地栽种的品种。④施足基肥。在挖好定植坑穴的基础上，要施足基肥，有利于定植后幼树生长，提高抗病力。对零星发病的幼龄树或特别重病的成年树，应及时挖砍烧毁。果树进入挂果后期，每年要增施有机肥，及时合理施肥，保持树势健旺，减轻此病发生。⑤ 控制挂果。头年挂果太多的果树，因消耗树体养分过度，加之肥料施放不及时，翌年极易成鬼帚病树。⑥ 清除田间毒源。育苗期间和新植果园要经常检查，发现病苗立即拔除。成龄树在每年 4—5 月间结合整枝和疏花疏果，剪除病枝梢、病穗（重病树应重修剪），可有效减少田间毒源数量和病穗、病枝梢徒耗养分；对老果园要根据树势和病情，有计划地进行“老树复壮”，在果树半休眠期进行扩穴、施肥、修剪。

（2）化学防治：在非开花期结合果园管理及时用杀虫剂控制荔枝蝽与角颊木虱、连喷 3 ～ 4 次 0.2% 芸苔素内酯 1 000 ～ 1 500 倍液、用四环素 1 000 倍液注射树干，每树注射药液 800 ～ 1 200 毫升。

5. 荔枝煤烟病

【名称与症状】

煤烟病发生于叶、果和枝梢表面，初生一薄层暗褐色小霉斑，逐渐扩大形成绒毛状的黑色、暗褐色或稍带灰色的霉层，后期在霉层上长出黑色的分生孢子器及子囊壳或刚毛状的长型分生孢子器。由不同病原种类引起的症状各异，煤炱属的病斑如黑色薄纸，很容易剥离或自然掉落；刺盾炱属的病斑如锅底的黑灰，霉层较厚，为绒状，用手擦之即成片脱落，以叶片正面发生较多（图 2-8）；小煤炱属的病斑为辐射状小霉斑，分散在叶面、叶背和果实表面，霉层不断扩散覆盖全叶，严重时一片上常有数十个乃至上百个小霉斑。

图 2-8　荔枝煤烟病

【病原及发病规律】

此病病原菌有多种，以纯寄生的小煤炱菌属（*Capnodiun* sp.）真菌为主，其菌丝为丝状，分生孢子单胞，椭圆形或卵圆形，表面光滑，无色。菌丝丛中密生有筒形或近棒形的分生孢子器，其端部较膨大，圆形，暗褐色，在膨大部位着生分生孢子。子囊壳球形或扁球形，膜质，暗色，子囊壳顶部具孔口，表生刚毛。子囊棍棒形，内生 8 个子囊孢子，孢子长椭圆形，有纵横隔膜，褐色。

其余各属为表面附生菌，病菌形态各异，但菌丝体为暗褐色，在寄主表面形成无性和有性繁殖体。子囊孢子暗褐色或无色，有一至数个分隔；闭囊壳有柄或无柄，壳外有或无附属丝和刚毛。

煤烟病以菌丝体、子囊壳或分生孢子器在被害枝叶及果实表面越冬，成为翌年的初侵染来源，并能进行多次再侵染。侵害途径主要是借雨水溅射或气液、昆虫传播。翌年在温湿度适宜的条件下，繁殖出孢子，并借风雨传播至寄主上，以粉虱、介壳虫、蚜虫、白蛾蜡蝉等害虫的分泌物为营养，并随这些害虫的活动消长、传播与流行。

【防治方法】

（1）农业防治：加强果园管理，坚持合理施肥，适度修剪，清洁果园，以利通风透光，增强树势，减少发病。

（2）化学防治：主要通过防治介壳虫、白蛾蜡蝉、粉虱等刺吸式口器害虫来减少该病的发生。对发病较重的果园，可用选用70%甲基硫菌灵可湿性粉剂500～800倍液，75%百菌清水分散粒剂500～800倍液，77%氢氧化铜可湿性粉剂800～1 000倍液进行喷雾，相隔1周连续用药2次。

6. 荔枝裂果病

【名称与症状】

荔枝裂果多发生在幼果期和果实成熟前，特别以成熟裂果严重，对荔枝产量影响极大（图2-9）。

图2-9 荔枝裂果病

【病原及发病规律】

荔枝裂果病应是一种生理性病害，但也与如下因素有关。① 品种，如糯米糍的裂纹窄而浅，易出现裂果；黑叶、妃子笑裂纹宽而深，较不易出现裂果。② 土壤水分供应不均衡，在假种皮发育期，缺水使果皮细胞较早木栓化，降低果皮的延伸性，溶质进入果内变慢，提高果肉的生长势有加强；干旱骤雨或连续阴雨天，水分大量进入，果肉从下往上持续并在果顶部重叠包裹果肉，造成果顶部膨大破裂。③ 树体无机元素失调，氮、钾、钙的含量不足的裂果多。

龙眼上未见本病。

【防治方法】

（1）农业防治：加强果园管理、增施有机肥、增强树势。

（2）化学防治：挂果期注意平衡施肥、多施含钾、钙等的复合肥，根外补施一些微量元素的肥料。

7. 荔枝粗皮病

【名称与症状】

主要为害荔枝主干及大枝，发病初期病树主干或大枝患部表皮失去光泽，病斑表面突起，以后逐渐皱缩，组织木栓化，树皮粗糙龟裂，中央凹陷破裂呈灰褐色火山口状，有的还可见突起的瘤状物（图 2-10）。

图 2-10　荔枝粗皮病

【病原及发病规律】

本病病原菌及发病规律不详。

龙眼上未见本病。

【防治方法】

（1）农业防治：① 加强管理，增施有机肥和磷、钾肥，及时追施促梢保梢肥，培育健壮枝梢。② 及时修剪、放梢、改善树体的通风透光条件，将病枝病树烧毁。

（2）化学防治：可试用450克/升咪鲜胺水乳剂300～500倍液、25%嘧菌酯悬浮剂300～500倍液、40%苯醚甲环唑悬浮剂300～500倍液、25%吡唑醚菌酯悬浮剂300～500倍液涂刷树干、大枝和有病小枝，10天后再涂一次。

8.荔枝茎枯病

【名称与症状】

主要为害荔枝主干，发病初期病树主干病部表皮失去光泽，病斑表面似一个大斑，树皮干枯（图2-11）。锯断树干，其病部位于树干中心颜色呈红褐色，病、健部分的年轮线有明显的分层现象（图2-12）。一年后病变的树干上部枝叶逐渐干枯死亡。

图2-11　荔枝茎枯病病树表面

图2-12　荔枝茎枯病锯面

【病原及发病规律】

本病病原菌及发病规律不详。

龙眼上未见本病。

【防治方法】

（1）农业防治：加强果园管理、及时将病树砍除并烧毁，增施有机肥、增强树势。

（2）化学防治：可用450克/升咪鲜胺水乳剂200～400倍液、25%嘧菌酯悬浮剂200～400倍液、40%苯醚甲环唑悬浮剂200～400倍液、25%吡唑醚菌酯悬浮剂200～400倍液涂抹病部，10天后再涂一次。

9. 龙眼树冠附生菟丝子

【名称与症状】

菟丝子是一种攀缘性一年生的草本植物，无根、叶已经退化成鳞片状、茎肉质，多分枝，形似细麻绳，直径1～2毫米，黄白色至橘黄色或稍带紫红色，上具有突起紫斑。寄生在果树上，以藤茎缠绕主干和枝条，被缠的枝条产生缢痕，藤茎在缢痕处形成吸盘，吸取树体的营养物质，藤茎生长迅速，不断分枝攀缠果树，并彼此交织覆盖整个树冠，形似“狮子头”（图2-13）。

图2-13 龙眼上菟丝子为害状

【病原及发病规律】

菟丝子（*Cuscuta chinensis*）属旋花科菟丝子属。夏秋季是菟丝子生长高峰期，开花结果于 11 月。菟丝子繁殖方法有种子繁殖和藤茎繁殖两种。靠鸟类传播种子，或成熟种子脱落土壤，再经人为耕作进一步扩散；另一种传播方式是借寄主树冠之间的接触由藤茎缠绕蔓延到邻近的寄主上，或人为将藤茎扯断后有意无意抛落在寄主的树冠上。

菟丝子以成熟种子脱落在土壤中休眠越冬，广西也有以藤茎在被害寄主上过冬。以藤茎过冬的，翌年春温湿度适宜时即可继续生长攀缠为害。经越冬后的种子，翌年春末夏初，当温湿度适宜时种子在土中萌发，长出淡黄色细丝状的幼苗。随后不断生长，藤茎上端部分作旋转向四周伸出，当碰到龙眼树时，便紧贴树干缠绕，不久在其与寄主的接触处形成吸盘，并深入寄主体内吸取水分和养料。此期茎基部逐渐腐烂或干枯，藤茎上部分与土壤脱离，靠吸盘从寄主体内获得水分、养料，不断分枝生长，开花结果，不断繁殖蔓延为害。

龙眼上菟丝子发生较重，荔枝则极少见其为害。

【防治方法】

（1）农业防治：结合苗圃和果园的栽培管理，掌握在菟丝子种子萌发期前进行中耕除草，将种子深埋在 3 厘米以下的土壤中，使其难以萌芽出土。

（2）化学防治：对有菟丝子发生较普遍的果园和高大的果株，一般于 5—10 月，酌情喷药 1 ～ 2 次。可用 108 克 / 升高效氟吡甲禾灵乳油 400 ～ 600 倍液、20% 精喹禾灵乳油 700 ～ 1 000 倍液、41% 草甘膦异丙胺盐水剂 1 500 ～ 2 000 倍液。

10. 龙眼树苔藓

【名称与症状】

苔藓植物是一种小型的绿色植物，结构简单，仅包含茎和叶两部分，有时只有扁平的叶状体，没有真正的根和维管束。苔藓植物喜欢阴暗潮湿的环境，一般生长在潮湿的果园（图 2-14）。

图 2-14　龙眼树苔藓

【病原及发病规律】

大部分苔藓植物的配子体常以丝状的假根固定在基质上；假根主要是固着器官，兼有吸收作用。孢子体通常为一年生，在不同程度上依附于配子体以吸收营养和水分。孢子体的茎状结构上有孢蒴，孢子从孢蒴中散出。孢子萌发后形成配子体——片状的叶状体或有茎叶分化的茎叶体，孢子体在配子体上发育。苔藓植物也能透过配子体的片段或像孢子一样出芽萌发的特化细胞进行营养繁殖。

苔藓类在温暖、潮湿季节，繁殖蔓延迅速。果园的地势低洼、荫蔽潮湿以及管理粗放的，均易发生为害。

【防治方法】

（1）农业防治：对早衰树、老龄树，增施有机肥，合理追肥，以增强树势。剪除过密的荫蔽弱枝，以利通风透光，降低果园湿度，减少附生为害。

（2）化学防治：对严重发病的果园，可用 10% 苄嘧磺隆可湿性粉剂 1 000 ～ 1 500 倍液、30% 碱式硫酸铜可湿性粉剂 400 ～ 600 倍液、77% 氢氧化铜可湿性粉剂 400 ～ 600 倍液，喷洒树干中下部。

11. 龙眼树蕨类

【名称与症状】

广西龙眼荔枝上的蕨类植物以槲蕨（*Drynaria roosii*）及骨牌蕨（*Lepidogrammitis diversa*）为多（图 2–15）。槲蕨又叫骨碎补、猴姜、石毛姜、过山龙、石岩姜、石良姜、毛贯仲等，属真蕨目槲蕨科槲蕨属植物。蕨类附生于树上，性喜温暖阴湿环境，以根状茎附着于老的龙眼树的树皮上。吸收树干内的水分和养分，影响树体生长，严重时

图 2–15　龙眼树上的槲蕨（左）与骨牌蕨（右）

造成上部枝干枯死。

【病原及发病规律】

蕨类为多年生附生草本，根状茎粗壮、长而横走，多发生于地势低洼、荫蔽潮湿、管理粗放的果园。

龙眼树发生较多，荔枝上少见。

【防治方法】

（1）农业防治：加强栽培管理，增强树体长势；加大修剪增强树冠内通风透光、拔除寄生的阴蔽类植株、清除和烧毁寄生枝干。

（2）化学防治：可用 41% 草甘膦异丙胺盐水剂 400 ～ 600 倍液、200 克 / 升草铵膦可溶液剂 200 ～ 300 倍液喷洒或涂抹蕨类植株表面。

12. 龙眼树桑寄生

【名称与症状】

桑寄生［*Taxillus sutchuenensis*（Lecomte）Danser］，又称桃树寄生、苦楝寄生等，属檀香目桑寄生科植物（图 2-16）。高 0.5 ～ 1 米，嫩枝、叶密被褐色或红褐色星状毛，有时具散生叠生星状毛，小枝黑色，无毛，具散生皮孔。

图 2-16　龙眼树上的桑寄生

【病原及发病规律】

桑寄生广布于黄河以南各省，可寄生于桑树、桃树、李树、龙眼、杨桃、油茶、油桐、橡胶树、榕树、木棉、马尾松或水松等多种植物上，其种子由鸟类取食后经粪便传播。龙眼树发生较多，荔枝上少见。

【防治方法】

（1）农业防治：加强栽培管理、加大修剪、清除和烧毁寄生枝干。

（2）化学防治：可用41%草甘膦异丙胺盐水剂400～600倍液、200克/升草铵膦可溶液剂200～300倍液喷洒或涂抹寄生植株表面。

第三章

荔枝龙眼绿色防控农药品种简介

1. 多杀霉素（spinosad）

【毒性】多杀霉素属低毒杀虫剂。原药对雌性大鼠急性口服 LD_{50}>5 000 毫克 / 千克，雄性为 3 738 毫克 / 千克，小鼠 >5 000 毫克 / 千克，兔急性经皮 LD_{50}>5 000 毫克 / 千克。

【适用范围】对害虫具有快速的触杀和胃毒作用，对叶片有较强的渗透作用，可杀死表皮下的害虫，残效期较长，对一些害虫具有一定的杀卵作用。无内吸作用。能有效地防治鳞翅目、双翅目和缨翅目害虫，也能很好的防治鞘翅目和直翅目中某些大量取食叶片的害虫种类。适合于蔬菜、果树、园林作物上使用。杀虫效果受下雨影响较小。

【剂型含量】2.5%、5%、10%、12%、15%、20%、25 克 / 升、480 克 / 升多杀霉素悬浮剂，3%、4%、8% 多杀霉素水乳剂，10%、20% 多杀霉素水分散粒剂等。

【产品特点】

（1）多杀霉素获 1999 年“美国总统绿色化学挑战奖”。

（2）低毒、高效、广谱，最适合无公害蔬菜、水果生产。

2. 乙基多杀菌素（spinetoram）

【毒性】乙基多杀菌素属低毒杀虫剂。原药对大鼠急性口服 LD_{50}>5 000 毫克 / 千克，大鼠急性经皮 LD_{50}>5 000 毫克 / 千克。

【适用范围】主要用于防治蔬菜、茶、果树等作物上的鳞翅目幼虫。如小菜蛾、甜菜夜蛾、斜纹夜蛾、豆荚螟、蓟马、潜叶蝇等。

【剂型含量】60 克 / 升乙基多杀菌悬浮剂、20% 乙基多杀菌水分散粒剂。

【产品特点】

（1）乙基多杀菌素获 2008 年“美国总统绿色化学挑战奖”。

（2）杀虫谱广、速效性好、持效期长。

（3）对蜜蜂几乎无毒，对鸟类、鱼类、蚯蚓和水生植物低毒。

3. 氯虫苯甲酰胺（chlorantraniliprole）

【毒性】氯虫苯甲酰胺属低毒杀虫剂。原药对大鼠急性口服 LD_{50}>5 000 毫克 / 千克，大鼠急性经皮 LD_{50}>5 000 毫克 / 千克。

【适用范围】氯虫苯甲酰胺可用于鳞翅目的夜蛾科、螟蛾科、蛀果蛾科、卷叶蛾科、粉蛾科、菜蛾科、麦蛾科、细蛾科，及鞘翅目的象甲科、叶甲科，双翅目潜蝇科，半翅目的烟粉虱等多种害虫。

【剂型含量】5%、200 克 / 升氯虫苯甲酰胺悬浮剂，5% 氯虫苯甲酰胺超低容量液剂，35% 氯虫苯甲酰胺水分散粒剂，0.01%、0.03%、0.4%、1% 氯虫苯甲酰胺颗粒剂，50% 氯虫苯甲酰胺种子处理悬浮剂等。

【产品特点】

（1）新一代杀虫剂高效、广谱的杀虫剂。

（2）防雨水冲洗，药效期长，在作物生长的任何时期均可用。

（3）对哺乳动物低毒，对有益节肢动物如鸟、鱼和蜜蜂低毒。

4. 醚菊酯（ethofenprox）

【毒性】醚菊酯是目前最低毒的农药。原药急性经口 LD_{50}：雄大鼠 >21 440 毫克 / 千克，雌大鼠 >42 880 毫克 / 千克，雄小鼠 >53 600 毫克 / 千克，雌小鼠 >107 200 毫克 / 千克；急性经皮 LD_{50}：雄大鼠 >1 072 毫克 / 千克，雌小鼠 >2 140 毫克 / 千克。

【适用范围】适用于水稻、蔬菜、棉花上，对半翅目的飞虱类特效，对鳞翅目、直翅目、鞘翅目、双翅目和等翅目等多种害虫也有很好的效果。

【剂型含量】10%、20%、30% 醚菊酯悬浮剂，10%、30% 醚菊酯水乳剂，20% 醚菊酯乳油，4% 醚菊酯油剂等。

【产品特点】

（1）醚菊酯属于醚类，它的杀虫机理及活性高、击倒速度快的特点与菊酯类农药相同。

（2）醚菊酯只有触杀和胃毒作用，但持效期较长，正常情况下持效期 20 天以上。

5. 联苯菊酯（bifenthrin）

【毒性】联苯菊酯属中等毒杀虫剂。大鼠经口 LD_{50} 54.5 毫克 / 千克；兔皮肤接触 LD_{50}>2 000 毫克 / 千克。

【适用范围】可用于棉花、果树、蔬菜、茶叶等作物上防治鳞翅目幼虫、粉虱、蚜虫、蓟马、潜叶蛾、木虱、叶蝉、叶螨等害虫、害螨。

【剂型含量】2.5%、4.5%、10%、20%、100 克 / 升联苯菊酯水乳剂，2.5%、25 克 / 升、100 克 / 升联苯菊酯乳油，25 克 / 升联苯菊酯悬浮剂，2.5%、4%、25 克 / 升联苯菊酯微乳剂，0.2%、0.5% 联苯菊酯颗粒剂等。

【产品特点】

（1）拟除虫菊酯类杀虫、杀螨剂。

（2）具有击倒作用强、广谱、高效、快速，以触杀作用和胃毒作用为主，无内吸作用。

6. 噻虫啉（thiacloprid）

【毒性】 噻虫啉属低毒杀虫剂。原药对雄大鼠急性经口 LD_{50} 为 836 毫克 / 千克，雌大鼠为 444 毫克 / 千克；大鼠急性经皮 LD_{50}>2 000 毫克 / 千克；雄大鼠急性吸入 LC_{50} 2 535 毫克 / 立方米，雌大鼠为 1 223 毫克 / 立方米。

【适用范围】 噻虫啉可用于果树及林木、棉花、蔬菜、马铃薯等作物上，防治半翅目（如蚜虫、粉虱、木虱、蝽象、介壳虫），鞘翅目的各种甲虫（如马铃薯甲虫、苹果象甲、稻象甲、天牛、金龟子等）与鳞翅目害虫（如苹果潜叶蛾、苹果蠹蛾）等。

【剂型含量】 40%、48% 噻虫啉悬浮剂，36%、50% 噻虫啉水分散粒剂，2%、3% 噻虫啉微囊悬浮剂等。

【产品特点】

（1）噻虫啉是广谱、内吸性新烟碱类杀虫剂，与有机磷、氨基甲酸酯、拟除虫菊酯类常规杀虫剂无交互抗性。

（2）噻虫啉可用茎叶与土壤处理防治地上及地下的害虫。

7. 噻虫嗪（thiamethoxam）

【毒性】 噻虫嗪属低毒杀虫剂。原药对大鼠急性经口 LD_{50} 1 563 毫克 / 千克，大鼠急性经皮 LD_{50}>2 000 毫克 / 千克。

【适用范围】 噻虫嗪可用于稻类作物、甜菜、油菜、马铃薯、棉花、菜豆、果树、花生、向日葵、大豆、烟草和柑橘等，对鞘翅目、双翅目、鳞翅目，尤其是半翅目害虫有高活性。可有效防治各种蚜虫、叶蝉、飞虱类、粉虱、金龟子幼虫、马铃薯甲虫、线虫、地面甲虫、潜叶蛾等。

【剂型含量】21%、25%、30%、35% 噻虫嗪悬浮剂，25%、70% 噻虫嗪水分散粒剂，25%、35% 噻虫嗪片剂，10% 噻虫嗪微囊悬浮剂，3% 噻虫嗪缓释剂，3% 噻虫嗪超低容量液剂，0.08%、0.12%、0.5%、2%、3%、5% 噻虫嗪颗粒剂，30%、40% 噻虫嗪种子处理悬浮剂，10%、20% 噻虫嗪种子处理微囊悬浮剂，16%、35%、40% 噻虫嗪悬浮种衣剂，50% 噻虫嗪种子处理干粉剂，70% 噻虫嗪种子处理可分散粉剂等。

【产品特点】

（1）噻虫嗪是一种全新结构的第二代烟碱类高效低毒杀虫剂，对害虫具有胃毒、触杀及内吸活性。

（2）噻虫嗪施药后能迅速被内吸，并传导到植株各部位。

（3）噻虫嗪既可用于茎叶处理、种子处理、也可用于土壤或灌根处理。

8. 噻虫胺（clothianidin）

【毒性】噻虫胺属低毒杀虫剂。原药对急性经口 LD_{50}>5 000 毫克 / 千克（雌 / 雄）急性经皮 LD_{50}>2 000 毫克 / 千克（雄 / 雌）。

【适用范围】噻虫胺主要用于水稻、蔬菜、果树及其他作物上防治半翅目、鞘翅目、双翅目和某些鳞翅目类害虫，如蚜虫、叶蝉、蓟马、飞虱、天牛、金龟子等。

【剂型含量】10%、20%、30%、48% 噻虫胺悬浮剂，30%、50%、70% 噻虫胺水分散粒剂，5% 噻虫胺可湿性粉剂，0.06%、0.1%、0.2%、0.5%、1%、5% 噻虫胺颗粒剂，8%、10%、18% 噻虫胺种子处理悬浮剂，10% 噻虫胺种子处理微囊悬浮剂，30%、48% 噻虫嗪悬浮种衣剂，10% 噻虫胺干拌种剂等。

【产品特点】

（1）噻虫胺属第二代新烟碱类杀虫剂，其结构新颖、特殊，内吸和渗透作用极强。

（2）噻虫胺具有安全、高效、广谱、用量少、毒性低、药效期长、与常规农药无交互抗性。

9. 呋虫胺（dinotefuran）

【毒性】呋虫胺属低毒杀虫剂。原药急性经口 LD_{50} 为雄性大鼠 2 804 毫克 / 千克，雌性大鼠 >2 000 毫克 / 千克；雄性小鼠 2 450 毫克 / 千克，雌性小鼠 2 275 毫克 / 千克。对大鼠急性经皮 LD_{50}>2 000 毫克 / 千克（雌、雄）。

【适用范围】主要用于小麦、水稻、棉花、蔬菜、果树、烟叶等多种作物上防治半翅目、鞘翅目、双翅目和鳞翅目害虫。如稻飞虱、稻叶蝉、稻蟠象、稻负泥虫、稻筒水螟、二化螟、稻蝗、粉虱类、蚧类、桃小食心虫、橘潜蛾、茶细蛾、小菜蛾、叶甲、黄条跳甲、蚜虫、蓟马、豆潜蝇、大豆荚瘿蚊、番茄潜叶蝇、茶小绿叶蝉等，及蜚蠊、白蚁、家蝇等卫生害虫。

【剂型含量】10%、20% 呋虫胺悬浮剂，20%、25%、40%、50%、60%、65%、70% 呋虫胺水分散粒剂，20%、40% 呋虫胺可溶粉剂，20%、40%、50% 呋虫胺可溶粒剂，10%、35% 呋虫胺可溶液剂，25% 呋虫胺可分散油悬浮剂，25%、50% 呋虫胺可湿性粉剂，0.025%、0.05%、0.1%、0.4%、1%、3% 呋虫胺颗粒剂，8% 呋虫嗪悬浮种衣剂，10% 呋虫胺干拌种剂等。

【产品特点】

（1）呋虫胺杀虫谱极广，对作物、人畜和环境又十分安全。

（2）呋虫胺的触杀、胃毒和根部内吸性强，速效性好、持效期长。

10. 螺螨酯（spirodiclofen）

【毒性】螺螨酯属低毒杀螨剂。原药对大鼠急性经口 LD_{50}>2 500 毫克 / 千克，急性经皮 LD_{50}>4 000 毫克 / 千克；翻车鱼 LC_{50}>0.0 455 毫克 / 升，虹鳟鱼 LC_{50}>0.0 351 毫克 / 升，水蚤 LC_{50}>100 毫克 / 升。对蜜蜂安全，LD_{50}>100 微克 / 只蜂。

【适用范围】螺螨酯可用于果树、棉花、花卉、蔬菜等作物上的各种叶螨与瘿螨。

【剂型含量】24%、34%、240 克 / 升螺螨酯悬浮剂。

【产品特点】

（1）螺螨酯是一种全新的抑制脂肪合成、阻断能量代谢的杀螨剂，只有触杀作用，没有内吸性。

（2）螺螨酯既可杀伤螨的卵、幼螨、若螨，又可抑制雌螨产卵孵化率，但对成螨无效。

11. 乙螨唑（etoxazole）

【毒性】乙螨唑属低毒杀螨剂。原药对大、小鼠的急性经口 LD_{50}>5 000 毫克 / 千克，急性经皮 LD_{50}>2 000 毫克 / 千克，对蜜蜂安全，LD_{50}>200 微克 / 只蜂。

【适用范围】乙螨唑可用于果树、棉花、花卉、蔬菜等作物上的各种叶螨与瘿螨。

【剂型含量】15%、20%、30%、110 克 / 升乙螨唑悬浮剂。

【产品特点】

（1）乙螨唑抑制螨卵的胚胎形成及从幼螨到成螨的蜕皮过程，对卵及幼螨有效，对雌性成螨有很好的不育作用。

（2）乙螨唑对成螨无效，应在害螨发生初期用药，药剂抗雨性强，持效期长达 2 个月。

12. 螺虫乙酯（spirotetramat）

【毒性】螺虫乙酯属低毒杀虫剂。原药对大鼠的急性经口 LD_{50}>2 000 毫克 / 千克，急性经皮 LD_{50}>2 000 毫克 / 千克，对蜜蜂安全，LD_{50} 107.3 微克 / 只蜂。

【适用范围】螺虫乙酯是目前防治介壳虫最有效的杀虫剂。亦广泛用于棉花、大豆、柑橘、热带果树、坚果、葡萄、啤酒花、马铃薯和蔬菜等作物上防治各种刺吸式口器害虫，如蚜虫、木虱、粉虱、蓟马等。

【剂型含量】22.4%、30%、40%、50% 螺虫乙酯悬浮剂，50% 螺虫乙酯水分散粒剂。

【产品特点】

（1）螺虫乙酯是迄今少见的具有双向内吸传导性能的杀虫剂。该药可以在整个植物体内向上向下移动，抵达叶面和树皮。

（2）螺虫乙酯持效期长达 8 周以上。

13. 杀螺胺乙醇胺盐（niclosamide ethanolamine）

【毒性】对人、畜毒性低，对作物安全，对鱼和浮游动物有毒。大白鼠急性经皮 LD_{50}>5 000 毫克 / 千克，急性经口 LD_{50}>2 000 毫克 / 千克。

【适用范围】杀螺胺乙醇胺盐是一种强的杀软体动物剂，具有胃毒作用，对螺卵、血吸虫尾蚴等有强杀灭作用，可用于稻田、果园、菜地防治福寿螺、蜗牛、蛞蝓等。

【剂型含量】50%、70% 可湿性粉剂，25% 乳油。

【产品特点】

（1）对螺和螺卵均有较强杀灭作用。

（2）作用迅速，药效持久。

14. 烯酰吗啉（dimethomorph）

【毒性】大鼠急性经口 LD_{50}>3 900 毫克 / 千克，经皮 LD_{50}>2 000 毫克 / 千克，大鼠急性吸入 LC_{50}>4.24 毫克 / 升。在正常使用情况下，对蜜蜂低毒，经口 LD_{50}>100 微克 / 只蜂。

【适用范围】烯酰吗啉属专一防治卵菌纲真菌性病害药剂，对霜霉病、霜疫霉病、晚疫病、疫（霉）病、疫腐病、腐霉病、黑胫病等低等真菌性病害均具有很好的防治效果。可应用于葡萄霜霉病、荔枝霜疫霉病和马铃薯晚疫病。

【剂型含量】20%、25%、40%、50% 烯酰吗啉悬浮剂，40%、50%、80% 烯酰吗啉水分散粒剂，25%、30%、50% 烯酰吗啉可湿性粉剂，10% 烯酰吗啉水乳剂等。

【产品特点】

烯酰吗啉是专一杀卵菌纲真菌杀菌剂，其作用特点是破坏细胞壁膜的形成，对卵菌生活史的各个阶段都有作用，在孢子囊梗和卵孢子的形成阶段尤为敏感。

15. 吡唑醚菌酯（pyraclostrobine）

【毒性】吡唑醚菌酯属低毒杀菌剂。原药对大鼠的急性经口 LD_{50}>5 000 毫克 / 千克，急性经皮 LD_{50}>2 000 毫克 / 千克。对蜜蜂安全，LD_{50} 310 微克 / 只蜂。

【适用范围】吡唑醚菌酯可广泛用于水稻、花生、葡萄、蔬菜、马铃薯、香蕉、柠檬、咖啡、核桃、茶树、烟草和观赏植物、草坪上控制子囊菌纲、担子菌纲、半知菌纲、卵菌纲等大多数病害。

【剂型含量】30%、50% 吡唑醚菌酯水分散粒剂，15%、25%、30%、250 克 / 升吡唑醚菌酯悬浮剂，30%、250 克 / 升吡唑醚菌酯乳油，20%、25% 吡唑醚菌酯可湿性粉剂、15% 吡唑醚菌酯水乳剂等。

【产品特点】

（1）吡唑醚菌酯为新型广谱杀菌剂，对孢子萌发及叶内菌丝体的生长有很强的抑制作用。

（2）线粒体呼吸抑制剂，具有保护、治疗、叶片渗透传导作用。

16. 嘧菌酯（azoxystrobin）

【毒性】嘧菌酯属低毒杀菌剂。原药对大鼠的急性经口 LD_{50}>5 000 毫克 / 千克，急性经皮 LD_{50}>2 000 毫克 / 千克。对蜜蜂安全，LD_{50} 141 微克 / 只蜂。

【适用范围】可用于谷物、水稻、葡萄、马铃薯、蔬菜、果树及其他作物，防治几乎所有真菌纲（子囊菌纲、担子菌纲、卵菌纲和半知菌类）病害，如白粉病、锈病、颖枯病、网斑病、霜霉病、稻瘟病。

【剂型含量】25%、50%、80% 嘧菌酯水分散粒剂，25%、35%、250 克 / 升嘧菌酯悬浮剂等。

【产品特点】

（1）嘧菌酯是新型高效、广谱、内吸性杀菌剂。

（2）嘧菌酯与目前已有杀菌剂无交互抗性。

17. 苯醚甲环唑（difenoconazole）

【毒性】大鼠急性经口 LD_{50} 1 453 毫克 / 千克，兔急性经皮 LD_{50} 大于 2 010 毫克 / 千克，蜜蜂 LD_{50} 187 微克 / 只蜂。

【适用范围】苯醚甲环唑适宜于番茄、甜菜、香蕉、禾谷类作物、水稻、大豆、园艺作物及各种蔬菜等，防治子囊亚门，担子菌亚门，以及包括链格孢属、壳二孢属、尾孢霉属、刺盘孢属、球座菌属、茎点霉属、柱隔孢属、壳针孢属、黑星菌属在内的半知菌，白粉菌科，锈菌目和某些种传病原菌等引起的病害。同时对甜菜褐斑病，小麦颖枯病、叶枯病、锈病和由几种致病菌引起的霉病，苹果黑星病、葡萄白粉病、马铃薯晚疫病、花生叶斑病等有效。

【剂型含量】 10%、15%、37%、60% 苯醚甲环唑水分散粒剂，10%、40%、45% 苯醚甲环唑悬浮剂，25%、250 克 / 升苯醚甲环唑乳油，3%、30 克 / 升苯醚甲环唑微囊悬浮剂等。

【产品特点】

（1）杀菌谱广，对子囊菌纲、担子菌纲和包括链格孢属、壳二孢属、尾孢霉属、刺盘孢属、球座菌属、茎点霉属、柱隔孢属、壳针孢属、黑星菌属在内的半知菌，白粉菌科、锈菌目及某些种传病原菌有持久的保护和治疗作用。

（2）对葡萄炭疽病、白腐病效果也很好。叶面处理或种子处理可提高作物的产量和品质。

18. 咪鲜胺（prochloraz）

【毒性】 咪鲜胺属低毒杀菌剂。原药对大鼠的急性经口 LD_{50} 1 600 ～ 2 400 毫克 / 千克，小鼠的急性经口 LD_{50} 2 400 毫克 / 千克，急性经皮 LD_{50}>2 100 毫克 / 千克。

【适用范围】 咪鲜胺可用于大田作物、水果、蔬菜、草皮及观赏植物防治由子囊菌和半知菌引起的各种病害，是目前对炭疽病效果最好的杀菌剂。

【剂型含量】 10%、20%、25%、40%、45%、450 克 / 升咪鲜胺水乳剂，15%、20%、25%、45% 咪鲜胺微乳剂，25%、250 克 / 升咪鲜胺乳油，10%、50% 咪鲜胺悬浮剂，30% 咪鲜胺微囊悬浮剂等。

【产品特点】

（1）咪鲜胺是一种广谱杀菌剂，对多种病害具有治疗和铲除效果。

（2）咪鲜胺可以与大多数杀菌剂、杀虫剂、除草剂混用。

19. 高效氟吡甲禾灵（haloxyfop-methyl）

【毒性】高效氟吡甲禾灵属低毒农药，原药大白鼠经 LD_{50} 623 毫克 / 千克。

【适用范围】用于大豆、棉花、花生、油菜、苗圃、亚麻等多种阔叶作物防除马唐、看麦娘、牛筋草、稗草、狗尾草、千金子等一年生禾本科杂草和狗牙根、白茅等多年生禾本科杂草。

【剂型含量】17%、22% 高效氟吡甲禾灵微乳剂，10.8%、22%、48%、108 克 / 升、158 克 / 升高效氟吡甲禾灵乳油等。

【产品特点】

（1）对阔叶草和莎草无效。

（2）若在 1 小时内有雨，不可施药。

（3）施药时要避免药液飘移到玉米、水稻、小麦等禾本科作物上。

20. 精喹禾灵（quizalofop-P-ethyl）

【毒性】原药对雄大鼠急性经口 LD_{50} 1 210 毫克 / 千克，雌大鼠为 1 182 毫克 / 千克 ，雄小鼠 1 805 毫克 / 千克；大鼠和小鼠急性经皮 LD_{50} 均 >2 000 毫克 / 千克。

【适用范围】适用于棉花、大豆、油菜、花生、亚麻、苹果、葡萄、马铃薯、绿豆、西瓜、甜菜及阔叶作物田防除禾本科杂草。

【剂型含量】5%、8.8%、10%、20%、50 克 / 升精喹禾灵乳油，5%、10.8% 高效精喹禾灵水乳剂，18%、20% 高效精喹禾灵悬浮剂，8% 高效精喹禾灵微乳剂等。

【产品特点】

（1）药剂在禾本科杂草与双子叶作物间有高度选择性。

（2）茎叶可在几小时内完成对药剂的吸收，一年生杂草在 24 小时内可传遍全株。

（3）施药时要避免药液飘移到玉米、水稻、小麦等禾本科作物上。

附录 1　荔枝龙眼主要病虫害防治技术

主要病虫		作物	防治技术
主要害虫	1. 荔枝蛀蒂虫	荔枝、龙眼	在果实迅速膨大期，按荔枝蛀蒂虫简易测报与防控技术，及时施用 60 克 / 升乙基多杀菌素 SC、5% 多杀霉素 SC、480 克 / 升毒死蜱 EC、1.8% 阿维菌素 EC+480 克 / 升毒死蜱 EC（1：1），10% 联苯菊酯 EC、20% 甲氰菊酯 EC、1.8% 阿维菌素 EC+20% 甲氰菊酯 EC（1：1）、20% 除虫脲 EC+20% 甲氰菊酯 EC（1：1），兑水均匀喷树内膛杀成虫，药后 3 ～ 5 天检查 100 个荔枝果的蛀虫率，若 >5%，当补施 5% 多杀霉素 SC 或 10% 醚菊酯 SC，兑水均匀喷全树 1 ～ 2 次
	2. 荔枝蝽	荔枝、龙眼	2.5% 敌杀死 EC、2.5% 功夫 SC、4.5% 高效氯氰菊酯 EC、20% 甲氰菊酯 EC、10% 醚菊酯 SC、50% 噻虫胺 WG 等
	3. 荔枝尖细蛾	荔枝、龙眼	2.5% 敌杀死 EC、2.5% 功夫 SC、4.5% 高效氯氰菊酯 EC、20% 甲氰菊酯 EC、10% 醚菊酯 SC、1.8% 阿维菌素 EC、20% 康宽 SC、10% 虫螨腈 SC、480 克 / 升毒死蜱 EC 等
	4. 龙眼亥麦蛾	荔枝、龙眼	2.5% 敌杀死 EC、2.5% 功夫 SC、4.5% 高效氯氰菊酯 EC、20% 甲氰菊酯 EC、10% 醚菊酯 SC、1.8% 阿维菌素 EC、20% 康宽 SC、10% 虫螨腈 SC、480 克 / 升毒死蜱 EC 等
	5. 龙眼角颊木虱	龙眼	240 克 / 升螺虫乙酯 SC、25% 阿克泰 WG、5% 啶虫脒 ME、480 克 / 升 % 毒死蜱 EC、34% 啶虫・毒死蜱 EC、18% 吡虫啉・噻嗪酮 SC、480 克 / 升毒死蜱 EC+25% 噻嗪酮 WP（1：1）等
	6. 瘿螨及叶螨	荔枝	110/L 乙螨唑 SC、240 克 / 升螺螨酯 SC、1.8% 阿维菌素 EC、15% 哒螨灵 EC、43% 联苯肼酯 SC、25% 三唑锡 WP、20% 苯丁锡 SC、15% 阿维・乙螨唑 SC、30% 阿维菌素・螺螨酯 SC、36% 哒螨灵・螺螨酯 SC 等

（续表）

主要病虫		作物	防治技术
主要害虫	7. 介壳虫	荔枝、龙眼	240 克 / 升螺虫乙酯 SC、25% 阿克泰 WG、5% 啶虫脒 ME、480 克 / 升 % 毒死蜱 EC、34% 啶虫 · 毒死蜱 EC、18% 吡虫啉 · 噻嗪酮 SC、480 克 / 升 % 毒死蜱 EC+25% 噻嗪酮 WP（1∶1）等
	8. 木毒蛾	荔枝	2.5% 敌杀死 EC、2.5% 功夫 SC、4.5% 高效氯氰菊酯 EC、20% 甲氰菊酯 EC、10% 醚菊酯 SC、1.8% 阿维菌素 EC、20% 康宽 SC、10% 虫螨腈 SC 等 3 000 ～ 2 000 倍、480 克 / 升毒死蜱 EC 等
	9. 尺蠖	荔枝、龙眼	2.5% 敌杀死 EC、2.5% 功夫 SC、4.5% 高效氯氰菊酯 EC、20% 甲氰菊酯 EC、10% 醚菊酯 SC、1.8% 阿维菌素 EC、20% 康宽 SC、10% 虫螨腈 SC 等、480 克 / 升毒死蜱 EC 等
	10. 鞘翅目昆虫（金龟子类、象甲）	荔枝、龙眼	含糖 5% ～ 10% 的 480 克 / 升毒死蜱 EC 诱杀；3.25% 阿克泰 WG、2% 噻虫啉 CS、3% 噻虫啉 CS 等
主要病害	1. 荔枝霜疫霉病	荔枝	用 25% 吡唑醚菌酯 EC、60% 吡唑醚菌酯 · 代森联 WG、58% 甲霜灵锰锌 WP、50% 烯酰吗啉 WP、25% 醚菌酯 SC、72% 霜脲氰 WP 等
	2. 炭疽病	荔枝、龙眼	25% 咪鲜胺 ME 等
	3. 龙眼鬼帚病	龙眼（荔枝极少）	①严禁从病区输入苗木、种子和接穗，苗圃或新植园一旦发现病株，要及时拔除烧毁；②对发病龙眼树及早剪除病梢病穗，增施肥料，及时防治荔枝蝽和角颊木虱等传毒介体；③用四环素注射树干基部
	4. 荔枝粗皮病	荔枝	可能是荔枝蝽传毒的病毒类病害，正在与有关方面探索病原。可用 450 克 / 升咪鲜胺 EW、25% 嘧菌酯 SC、40% 苯醚甲环唑 SC、25% 吡唑醚菌酯 SC300 ～ 500 倍液涂抹病部

（续表）

主要病虫		作物	防治技术
主要病害	5. 荔枝茎腐病	荔枝	病因不明，正在与有关方面探索病原。可用 450 克 / 升咪鲜胺 EW、25% 嘧菌酯 SC、40% 苯醚甲环唑 SC、25% 吡唑醚菌酯 SC 200 ～ 400 倍液涂抹树干病部

注：表中大写字母为农药剂型代码。

附录 2　中国农药毒性分级标准

毒性级别	大白鼠经口半数致死量 (LD_{50}, 毫克 / 千克)	大白鼠经皮半数致死量 (LD_{50}, 毫克 / 千克)	品种举例 (大白鼠口服 LD_{50}, 毫克 / 千克)
剧毒	≤ 5	≤ 20	涕灭威（0.81 ～ 0.93）、特丁硫磷（1.6）
高毒	>5 ～ 50	>20 ～ 200	阿维菌素（10）、甲胺磷（30）
中等毒	>50 ～ 500	>200 ～ 2 000	敌敌畏（56 ～ 108）、毒死蜱（135）、高效氯氰菊酯（166）、高效氯氟氰菊酯（56 ～ 482）
低毒	>500 ～ 5 000	>2 000 ～ 5 000	除虫脲（4 640）
微毒	>5 000	>5 000	噻虫胺、康宽、多杀霉素、乙基多杀菌素（均 >5 000）、醚菊酯（42 880）

附录 3　农业农村部《禁限用农药名录》（2019 年）

《农药管理条例》规定，农药生产应取得农药登记证和生产许可证，农药经营应取得经营许可证，农药使用应按照标签规定的使用范围、安全间隔期用药，不得超范围用药。剧毒、高毒农药不得用于防治卫生害虫，不得用于蔬菜、瓜果、茶叶、菌类、中草药材的生产，不得用于水生植物的病虫害防治。

一、禁止（停止）使用的农药（46 种）

六六六、滴滴涕、毒杀芬、二溴氯丙烷、杀虫脒、二溴乙烷、除草醚、艾氏剂、狄氏剂、汞制剂、砷类、铅类、敌枯双、氟乙酰胺、甘氟、毒鼠强、氟乙酸钠、毒鼠硅、甲胺磷、对硫磷、甲基对硫磷、久效磷、磷胺、苯线磷、地虫硫磷、甲基硫环磷、磷化钙、磷化镁、磷化锌、硫线磷、蝇毒磷、治螟磷、特丁硫磷、氯磺隆、胺苯磺隆、甲磺隆、福美胂、福美甲胂、三氯杀螨醇、林丹、硫丹、溴甲烷、氟虫胺、杀扑磷、百草枯、2,4- 滴丁酯。

注：氟虫胺自 2020 年 1 月 1 日起禁止使用。百草枯可溶胶剂自 2020 年 9 月 26 日起禁止使用。2,4- 滴丁酯自 2023 年 1 月 29 日起禁止使用。溴甲烷可用于“检疫熏蒸处理”。杀扑磷已无制剂登记。

二、在部分范围禁止使用的农药(20种)

通用名	禁止使用范围
甲拌磷、甲基异柳磷、克百威、水胺硫磷、氧乐果、灭多威、涕灭威、灭线磷	禁止在蔬菜、瓜果、茶叶、甘蔗、菌类、中草药材上使用，禁止用于防治卫生害虫，禁止用于水生植物的病虫害防治
内吸磷、硫环磷、氯唑磷	禁止在蔬菜、瓜果、茶叶、中草药材上使用
乙酰甲胺磷、丁硫克百威、乐果	禁止在蔬菜、瓜果、茶叶、菌类和中草药材上使用
毒死蜱、三唑磷	禁止在蔬菜上使用
丁酰肼(比久)	禁止在花生上使用
氰戊菊酯	禁止在茶叶上使用
氟虫腈	禁止在所有农作物上使用(玉米等部分旱田种子包衣除外)
氟苯虫酰胺	禁止在水稻上使用

来源：农业农村部网站

参考文献

陈炳旭，徐海明，董易之，等，2017. 荔枝龙眼害虫识别与防治图册［M］. 北京：中国农业出版社 .

邓国荣，杨皇红，陈德扬，等，1998. 龙眼荔枝病虫害综合防治图册［M］. 南宁：广西科学技术出版社 .

黎柳锋，王凤英，廖仁昭，等，2015. 10 种杀虫剂对荔枝蛑象的防治效果［J］. 广东农业科学（20）：76–79.

廖世纯，黎柳锋，王凤英，等，2014. 13 种杀虫剂对荔枝蛀蒂虫成虫触杀效果测定［J］. 南方农业学报，45（12）：2172–2176.

王凤英，黎柳锋，廖仁昭，等，2016. 9 种杀虫剂对堆蜡粉蚧的田间防治效果［J］，南方农业学报，47（12）：2078–2083.

徐英，2018. 农药安全使用技术简述［J］. 农业工程技术（5）：29–30.

张敏恒，赵平，严秋旭，等，2012. 农药品种手册精编［M］. 北京：化学工业出版社 .

朱建华，秦献泉，廖世纯，等，2020. 广西荔枝栽培新技术［M］. 北京：中国农业科学技术出版社 .

祝玉清，2017. 频振式杀虫灯在果园害虫防治中的应用［J］. 山西果树（1）：57–58.